# DER WEIN, DIE REBE und die BIOLOGISCH-DYNAMISCHE WIRTSCHAFTSWEISE

Nicolas Joly

# DER WEIN, DIE REBE und die BIOLOGISCH-DYNAMISCHE WIRTSCHAFTSWEISE

VERLAG GEBRÜDER KORNMAYER

*„Dieses Buch ist meiner Familie gewidmet, meiner Frau Coraly, meiner Tochter Virginie, die seit 3 Jahren im Weingut mitarbeitet, meinem Sohn Vincent, der sich der Arbeit eines Tages vielleicht anschließen wird, und Xavier Florin, dem Hauptinitiator der biologisch-dynamischen Wirtschaftsweise in Frankreich."*


www.kornmayer-verlag.de
ISBN 978-3-938173-46-6
2. Auflage: Mai 2009

Französischer Originaltitel:
„Le Vin, la Vigne et la Biodynamie"

Autor: Nicolas Joly
Übersetzung: Barbara Immler
Lektorat: Cordula Neuner-Zieren
Satz & Layout: Evert Kornmayer
Druck: leibi, Neu-Ulm

Deutsche Bibliothek — CIP-Einheitsaufnahme.
Ein Titelsatz dieser Publikation ist bei der Deutschen Bibliothek (Frankfurt) erhältlich.



**klimaneutral gedruckt** 376-53247-0509-1007
weitere Infos: www.leibi.de/klima

*»Es gibt nicht die „Materie an sich"; jede Materie entsteht und existiert einzig und allein dadurch, dass eine Kraft ihre Teilchen in Schwingung versetzt.«*

*Max Planck*
*(aus seiner Rede anlässlich der Verleihung des Nobelpreises)*

# Vorwort

Mit Freude empfehle ich dieses eindrucksvolle Werk von Nicolas Joly jedem Winzer und Weingenießer. Es öffnet den Blick auf die Zusammenhänge zwischen Geologie, Klima, Gestirne, Natur und dem Menschen. Es erklärt in leichtverständlicher Weise die Naturgesetze, die geheime Sprache der Rebe, was genau bei der Kelterung sowie Reife vor sich geht und wie man diese Erkenntnisse in die Praxis umsetzen kann, damit der Wein in Duft und Geschmack seine Rebsorte, seinen Boden und seine Region widerspiegelt.

Der Winzer Nicolas Joly kann auf eine über 20-jährige Erfahrung in der biologisch-dynamischen Bewirtschaftung verweisen. Diese gibt er seit vielen Jahren in zahlreichen Vorträgen in aller Welt weiter, uneigennützig, mit großer Überzeugung und Beharrlichkeit. Die hohe Qualität seiner eigenen Weine aus dem berühmten Vignoble de la Coulée de Serrant, ihre Harmonie, Tiefe und Geschmacksvielfalt sowie ihre lange Lagerfähigkeit bis weit über 20 Jahre beweisen, wie wichtig es ist, im Einklang mit der Natur zu leben und zu handeln.

Das vorliegende Buch soll Winzer und Weinliebhaber in die Welt der biodynamischen Wirtschaftsweise einführen und sie in die Lage versetzen, die Qualität eines Produktes, sei es Wein oder Nahrung, zu erkennen, wie auch deren Einfluss auf uns und unsere Gesundheit. Daran sollten wir unsere Ansprüche ausrichten.

Guy Bonnefoit
*(Weinautor und Gastrosoph)*

# Inhalt

# Die Leidenschaft für Wein und seine Anbaugebiete

Überall auf der Welt breitet sich die Leidenschaft für Wein wie ein Fieber aus. Wie die Suche nach etwas, das dem Leben einen weiteren zusätzlichen Sinn verleihen könnte. Man vergleicht die Geschmacksrichtungen von Rebsorten, die an verschiedenen Orten des Planeten gepflanzt wurden; man kostet die unverkennbare Qualität, die man von einem bestimmten Ort unweigerlich erwartet, obwohl das Klima immer mehr aus den Fugen gerät. Man lässt die Flasche offen, um sie am nächsten und übernächsten Tag noch einmal „wie neu" hervorzuholen. Man macht sich Vorstellungen, man berechnet, man begeistert sich und man stellt in Frage.
Ja, es handelt sich wirklich um eine zunehmende Leidenschaft, die sich auf alle Berufe erstreckt, die alle sozialen Schichten erfasst, welche die Sinne, die Eindrücke und Empfindungen eines jeden schärft.
Eine Leidenschaft, aus der sich ein Wissen entwickelt ohne wirkliche Gewissheit. Man erprobt an ihr seine Fähigkeit und seine Lust, ganz konkret einer anderen Welt nahe zu kommen, die zwar wenig greifbar ist, aber reell: die Welt der Gerüche, der Geschmacksrichtungen, des Gleichgewichts und der Harmonie. Eine empfindliche Welt, die sich im Stofflichen immer sehr diskret äußert, beinahe schamhaft, und nach der wir, besonders die Künstler, immer etwas Heimweh haben. Und es entsteht der Wunsch zu begreifen, wie dieses so heikle Gleichgewicht entstanden ist; wie diese Impulse, die Leiden und Freuden der Rebe, zu Geschmack werden können, zu Geruch, zu beinahe musikalischen Harmonien.
All dies zeigt, wie berechtigt die Idee war, „kontrollierte Anbaugebiete" zu schaffen.

Was sollte damit erreicht werden, als in den 30er Jahren Frankreich – gefolgt von anderen Ländern und nachdem Portugal vorangegangen war – die „AOC“ (Appellation d’Origine Contrôlée) ins Leben gerufen hat? Man wollte nur jahrhundertealtes Wissen, Erfahrung, Gespür schützen, mit deren Hilfe eine Rebe am „guten“ Platz gepflanzt werden konnte. Was bedeutete aber „ein guter Platz“ in jener noch wenig intellektualisierten Zeit? Ganz einfach ein Platz, an dem „Madame“ Rebe sich wohl fühlte und wo sie nach Lust und Laune von ihrem Glück „singen“ konnte. Wir werden sehen, dass dieser Gesang nicht immer so glücklich klingt, wie man meinen möchte. Fürs erste genügt es zu verstehen, dass die Rebe als ein völlig atypisches, willensstarkes pflanzliches Wesen erst dann ihren Früchten einen Geschmack verleiht, der vom Ort geprägt ist, an dem sie wächst, wenn sie sich an einem Platz befindet, wo sie ihre ganze Leistungskraft zeigen kann. Einfach, oder? Es bedeutet, dass sie sich über ihre Wurzeln mit dem Boden „vermählt“, sich ihm innigst verbindet und über ihre Blätter alle klimatischen Eigentümlichkeiten des Ortes aufnimmt. Diese bestehen aus verschiedenen Wärme-Qualitäten, welche zu verschiedenen Tageszeiten entstehen, aus Variationen des Lichteinfalls, aus Winden voll Zärtlichkeit oder auch Aufruhr, aus sanften oder eher überreichlichen Regengüssen, aus Morgen- oder Abendnebel. Dies alles sind Bestandteile eines Klimas, die in ihrer Gesamtheit zuerst zu pflanzlicher Substanz und dann zur Frucht führen. Wie geht das genau vor sich?

Betrachten Sie denselben Weinberg zuerst im Frühjahr und dann im Herbst, um sich zu vergegenwärtigen, dass all diese Zweige, Blätter und Früchte – mehrere Tonnen pro Hektar, die allesamt sechs Monate zuvor nur Knospen waren – kaum aus Substanz bestehen, die vom Boden kommt, wie man viel zu oft meint! Im Gegenteil, der größte Teil dieser Materie entstand aus der Photosynthese. Ein hässliches Wort ohne jeglichen Charme für einen immer noch sehr geheimnisvollen Vorgang, den die Wissenschaft zwar beschreiben, aber nicht selbst erzeugen kann. Photosynthese heißt Verwandlung von Wärme, Licht und Luft, also von ungreifbaren, fast unberührbaren Bereichen (zu denen auch Geschmack und Geruch, von denen wir vorher sprachen, gehören) in echte Substanz, bestehend aus Kohlenhydraten, Stärke, Zucker etc. Wenn man das Wasser aus

dieser Substanz extrahiert – wissenschaftlich genannt „Trockenmasse“ – so kommen 92 % aus der Photosynthese und also nur ein sehr geringer Anteil aus der Verbindung mit dem Boden.
Von Frühjahr bis Herbst sind wir Zeugen, meistens ohne uns dessen bewusst zu werden, wie die Pflanzen eine Welt materialisieren, die für unsere Sinne beinahe unsichtbar ist, wobei das Klima eine bedeutende Rolle spielt. In diese Materie hinein senkt sich der Entwurf für Geschmack, Farben, Düfte, welchen die Liebhaber von Wein, Trüffeln, Olivenöl, Kaffee, Zigarren, Tee etc. so schätzen. Jede Pflanze erfüllt diese Aufgabe auf „ihre“ Weise, mit ihren Eigenarten, die wir genießen können, wenn wir sie noch erkennen und sie nicht mit den künstlichen Aromen verwechseln, welche die Technologie heimlich in unsere Nahrungsmittel und Getränke hineinmischt.

## Das Besondere der Rebe

Die Rebe mit ihrer fast übertriebenen Sensibilität zeichnet sich vor allem durch ihre Fähigkeit aus, Geschmacksnuancen hervorzubringen. Es lohnt sich also, sich im Einzelnen mit dem Verständnis ihres Wesens zu befassen, oder eher die geheimen Gesten unserer Freundin zu entdecken, um sich dem, was Wein ist, zu nähern.
Was stellt sie im Pflanzenreich dar? Wie ist ihr Charakter, ihr Verhalten, ihre Eigentümlichkeit? Wie für jedes lebendige Wesen, das nicht stur wie ein Motor funktioniert, sind dies wichtige Fragen. Um darauf zu antworten, wollen wir uns dem reichen Wissensschatz der Botaniker des Mittelalters zuwenden, dem unser Zeitalter so wenig Verständnis entgegenbringt.

Ihr Blick auf die Pflanzen war im Vergleich zu dem unseren sehr verschieden. Die Materie selbst, die uns heute so vordringlich interessiert – bis in ihre kleinsten Teilchen – war für sie etwas, das nur dazu diente, ein Gefäß auszufüllen, wie der Brotteig, den man in die Kastenform drückt. Was sie besonders beschäftigte, war die Form: nicht die Gene, von denen sie zweifellos nichts wussten, sondern die verschiedenen Kräfte, die – jedes Mal auf ganz eigene Weise – die Pflanzenwelt gestalten und ihr das jeweilige Verhalten geben. Hätte man zu ihnen aber von den Genen gesprochen, hätten sie vielleicht geantwortet: „Warum sich um die Arbeiter kümmern, die nur Anweisungen ausführen? Beschäftigt euch lieber mit den Architekten, die diese Gene einstellen!“ Damit hätten sie uns an die energetischen Zusammenhänge verwiesen, welche die Physiker heute erstmals über die Magnetresonanz erfassen und die auch für die biologisch-dynamische Wirtschaftsweise so wesentlich sind.

## Die vier Zustände der Materie

Liest man die Bücher von Hildegard von Bingen, Culpeper oder anderen berühmten Autoren dieser Zeit, die von der heutigen Wissenschaft so verkannt werden, dann nähert man sich der Pflanzenwelt über die seit Platon so genannten „Vier Zustände der Materie“.

Dank dieses wunderbaren Wissens können wir aus einem ganz neuen Blickwinkel auf den Wein und die Rebe schauen. Um diese alte Wissenschaft in wenigen Worten, grob, zu umreißen, kann man Folgendes sagen: Die dominierende Kraft der Erde, der alle Lebewesen, und damit auch wir, unterworfen sind, ist die Schwerkraft. Diese allgegenwärtige Kraft, die den Regen auf die Erde fallen lässt. Diese Kraft hält die Atome zusammen und gibt der Materie die Form, sogar bis zum Härtezustand. Ohne die Schwerkraft gäbe es die physische Welt nicht.
Demgegenüber gibt es, zum Glück, eine andere, ihr polar entgegengesetzte Kraft. Man nennt sie bei uns im Westen „Anziehungskraft der Sonne“, im Orient wird sie oft als Levitation bezeichnet. Sie führt in den Zustand der Schwerelosigkeit und wirkt der Schwerkraft entgegen. Physisch gesehen besteht sie hauptsächlich aus Wärme, also aus Auftriebskräften. Vergegenwärtigen Sie sich, wie ein Heißluftballon mit jedem Aufflammen weiter hochsteigt. Mit der Wärme verschwindet die Materie, sie löst sich auf. Ein schweres Stück Metall, erhitzt, wird erst flüssig und dann schnell zu Gas, verliert also sein Gewicht. Dies führt uns die Unbeständigkeit der Materie vor Augen, die hin- und her schwingt zwischen dem Sichtbaren und dem Unsichtbaren (dies werde ich später noch näher ausführen).

Auch der Mensch ist dieser Kraft unterworfen. Sie hilft ihm sozusagen, unbeschwert und erholt aufzuwachen (was wieder ein anderes Thema ist); sie gibt ihm bei einer guten Nachricht das Gefühl, über allen Wechselfällen des Tages zu schweben! Sie ist die treibende Kraft des Enthusiasmus.

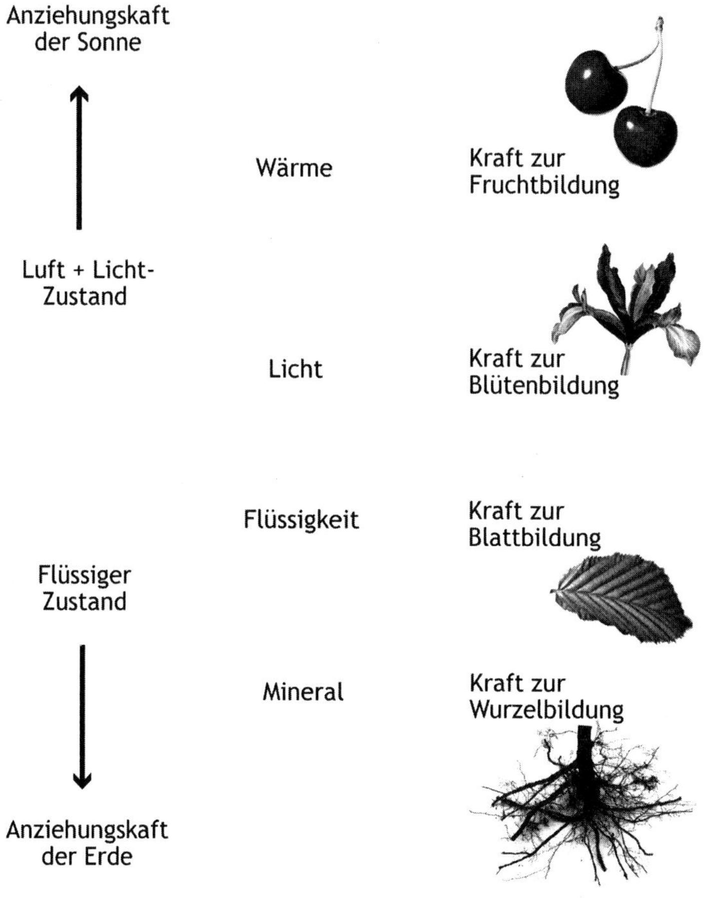


*Bild I: Die vier Zustände der Materie und der Pflanze.*

Zwischen diesen beiden entgegengesetzten Kräften, sagten die Weisen des Altertums, liegen die zwei vermittelnden Zustände. Wenn wir von oben beginnen, kommen zuerst Luft und Licht: Das ist der erste „leicht" irdische – oder physische – Zustand.
Luft und Licht sind verbunden. Das Licht wird für unsere Sinne sichtbar durch die Luft, denn ohne sie erschiene uns der Himmel nicht blau; hinter der Schicht der Atmosphäre ist es dunkel. Die Luft wiegt nicht viel, ist aber doch auch der Schwerkraft unterworfen. Zu unserem großen Glück hält die Schwerkraft die Luft um die Erde fest. Unter Kompression – ganz extremer Schwere – wird Luft geradezu hart.

Diese Beispiele erlauben uns, die wahre Natur von Luft und Licht als den ersten Zustand von Materie zu begreifen, die der Dichte ausgesetzt sind.

Dann haben wir noch den flüssigen Zustand. Sein Urbild ist das Wasser und bildet eine Art Übergang zwischen den sonnenhaften Auftriebskräften und den irdischen Gesetzen. Das Wasser ist der Schwerkraft näher als die Luft, es ist irdischer, also schwerer als Luft. Es befindet sich genau zwischen den Gravitationsgesetzen der Erde und den Auftriebsgesetzen der Sonne. Der Kälte ausgesetzt, wird es hart wie Stein und nimmt beinahe einen Metallstatus an, völlig der Schwerkraft ausgesetzt. Bei Wärme steigt es auf und befreit sich von den Gesetzen der Erde, wird Dunst, wird Nebel. Das Wasser enthebt uns eines Teils unseres Gewichts, sagt Archimedes, und schützt uns dadurch sogar vor der Schwerkraft; wenn wir schwimmen, zu unserem großen Vergnügen! Wir selbst bestehen zu 90 % aus Wasser, was auch den Erfolg der Hydrotherapien erklärt, denn das Wasser ist, wie wir sehen werden, Träger von Schwingungsinformationen, denen wir unser Leben verdanken.

Halten wir also fest, dass Luft und Flüssigkeit Übergangsstadien sind, die die Materie allmählich dem reinen, festen Mineralzustand unserer guten alten Erde zuführen. So kann kein Leben auf Erden ankommen, ohne den flüssigen Zustand zu durchlaufen, auch keine Pflanze. Halten wir ebenso fest, dass ein lebendiger Organismus aus der ständigen Durchdringung dieser vier Zustände schöpft, von denen meist der eine oder andere dominiert.

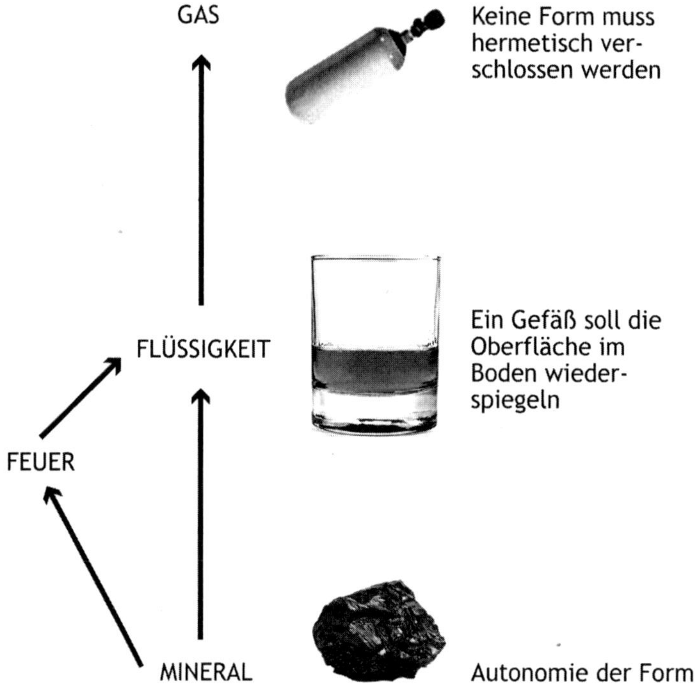


*Bild II: Das Feuer und die verschiedenen Agreggatzustände derselben Substanz.*

*Quelle: Rudolf Steiner*

Warum diese langen Ausführungen in einem Buch über den Wein? Sie sollen zu einem Verständnis verhelfen, wie sich die Pflanzen mit diesen vier irdischen Zuständen verbinden und wie völlig atypisch das Wesen der Weinrebe ist.

Man kann ganz allgemein sagen, dass jede Pflanze ihre Beziehung zu den irdischen Schwerkräften in ihren Wurzeln manifestiert, diejenige zum Flüssigen in ihren Säften und Blättern, die zum Licht in ihrer Blühfähigkeit und zur Wärme in ihrer „Fruchtbildungskraft."

## Die Eigenart jeder Pflanze entdecken

Das Verständnis dieser vier Zustände ist grundlegend, und man könnte es noch viel weiter ausführen. Interessant wird es dort, wo die Pflanzen eine ausgeprägte Eigenart zeigen.
Nehmen wir zuerst die einfachen Beispiele: Eine Pflanze, die schon durch ihren Typus eine besondere Affinität zum Licht zeigt, kann dies in einer auffallenden Blüte am besten ausdrücken. Dies tut die Lilie, welche die französischen Könige als Symbol auf ihren Fahnen gewählt hatten. Hätte die Lilie nicht diese starke Verbindung zum Licht, wäre ihre Blühfähigkeit beträchtlich eingeschränkt. Eine andere Pflanze, die eine besondere Beziehung zum Wasser hat, kann eher breite, ausladende Blätter hervorbringen, wie etwa der Rhabarber. Wieder eine andere, der Wärme verbundene Pflanze, bekommt die Fähigkeit zu üppiger Fruchtbildung mit, wie sie unser Getreidearten zeigen, wo jedes gesäte Korn verhundertfacht wird.

Wirklich kompliziert wird es dort, wo Mutter Natur in ihrer Kreativität das gewohnte Schema verlässt und auf so geniale Weise mit diesen vier Zuständen spielt, dass das Ergebnis manchmal nur mit Mühe zu entschlüsseln ist. Ein einfaches Beispiel ist die Karotte, die ihre starke Blühfähigkeit dazu verwendet, um ihrer Wurzel Farbe und Geschmack zu geben, wodurch ihre Blüte traurig und reizlos wirkt. Die Kiefer benutzt ihre intensive Bindung zu den Wärmekräften nicht, um zu fruchten, sondern für ihr leicht entzündliches Harz, das ihr erlaubt, Kältegraden zu widerstehen, die nur wenige andere Pflanzen ertragen können. Die Weide ist nicht nur dem Wasser, sondern auch dem Licht verbunden. Aus diesem Grunde bildet sie keine großen Blätter, sondern es gelingt ihr, dieses Wasser durch die Blätter „auszuatmen", es verdampfen zu lassen und dabei in den Blütenansätzen einen Honig zu tragen, der die Bienen entzückt, und überdies ihr Holz in kräftiges Gelb zu färben. Die Brennnessel legt ihre Verbindung zur Wärme nicht in ihre Samen, sondern in ihre Blätter, der als Tee auf die Reben gegossen wird und deren Fähigkeit steigert, die Säfte auch bei großer Trockenheit kreisen zu lassen. Die Zitronenmelisse nutzt Geschmackskräfte, die eigentlich für Früchte bestimmt sind, die sie jedoch, mangels Früchten, in ihren Blättern bildet. Beim Zimt

dagegen ist der Geschmack in die Rinde gerutscht! Und die Magnolie lässt die Härte fürs Holz eher zu den Blättern steigen ...
Dies spricht eine geheime, sehr subtile Sprache, die nur schwer zu entziffern ist. In diesem Punkt verdienen unsere Vorfahren unsere Bewunderung, denn zum einen haben sie diese Sprache entschlüsselt, zum anderen haben sie diese in Beziehung zu den einzelnen Planeten- und Sternenkräften gebracht, deren Wirksamkeit sie in der Materie wiedererkennen konnten. Außerdem hat ihnen diese Sprache durch sehr präzise Beschreibungen zur Herstellung starker Heilmittel gedient. Dieser Sinn für die Beobachtung der Lebensvorgänge ist bei den so genannten primitiven Völkern noch deutlich vorhanden, die in der sie umgebenden Pflanzen- und Tierwelt beachtliche Eigentümlichkeiten entdeckt haben. Und doch hatten diese Alten weder eine Intelligenz, wie man sie im heutigen Sinne versteht, noch irgendwelche hochentwickelten Instrumente, die mit ihrer sezierenden, rein materiellen Analyse das Verständnis unserer Forscher oft verfälschen. Unsere Vorfahren konnten mit anderen Fähigkeiten sinnerfüllte Antworten finden. Das macht sich bei sehr einfachen Dingen bemerkbar, wie bei dem Wissen, eine Pflanze oder einen Baum zu einem Zeitpunkt zu schneiden, der ihrem Eigenwesen – oder sagen wir: ihrer Ursprungskraft – entspricht. Das steigert deren Wirkung, etwa so, wie ein musikalischer Ton ein bestimmtes Umfeld braucht, um zu erklingen. Früher wusste man zum Beispiel auch ohne den Besitz von planetraren Kalendern, dass man Ulmen am besten bei absteigendem Merkur schneidet.

## Die geheime Sprache der Pflanzen

Bei dieser Vorgehensweise muss man sich jeder Pflanze nähern wie einem Labyrinth, dessen schwieriges Rätsel man entschlüsseln will. Darauf wollte Goethe unsere Aufmerksamkeit lenken, als er von der Urpflanze sprach, deren Urbild wiederzufinden sei in der unzähligen Vielfalt der Gestaltungs- und Verhaltensformen, welche die Pflanzen auf der physischen Ebene zeigen.
Diese geheime Sprache wieder zu entdecken führt zu einem neuen Verständnis der Heilpflanzen. Diese werden auch für die Präparate in der biologisch-dynamischen Wirtschaftsweise verwendet – dieser neuartigen Landwirtschaft – die auch rasant im Weinbau Fuß

fasst. Sie überzeugt mit geschmacklichen Ergebnissen, wenn sie gemäß den Prinzipien praktiziert wird und man den Pflanzen, an die man sich wendet, das richtige Verständnis entgegenbringt.

Heilpflanzen, darunter auch die Weinrebe, sind Pflanzen, die aufgrund ihrer verschiedenen atypischen Eigenschaften heilen. Manchmal bringt eine Pflanze in ihren Wurzeln, ihren Stängeln, ihren Blüten oder ihren Früchten einen oder mehrere Prozesse in Gang, die „normalerweise" ganz woanders stattfinden. So leitet zum Beispiel die Zuckerrübe den Zucker, den die Blätter im Übermaß produzieren, nicht in eine Frucht, sondern in ihre Wurzel! Der Ahorn dagegen bringt ihn in seinen Saft. Es ist das Untypische einer Heilpflanze, das letztendlich heilt. Um zu verstehen, warum Heilpflanzen heilen, muss man verstehen, dass der Mensch die vier Zustände der Materie in sich trägt und man sie auch in den vier menschlichen Temperamenten wiederfindet, wo immer eines dieser Elemente dominiert.

Niemand wird dem widersprechen, dass der *Choleriker* mit seiner starken Verbindung zur Wärme oft am Rande der Explosion zu stehen scheint (er explodiert allerdings viel seltener, als man glaubt).
Der *Sanguiniker* ist ständig in Bewegung und wirkt wie von der Luft davongetragen, die ihn so sprunghaft macht.
Der *Phlegmatiker* macht sich seine besondere Beziehung zum Wasser zunutze und genießt seine Trägheit, um mit guter Laune durch die Unannehmlichkeiten des Lebens zu treiben. Nichts ist ihm lieber, als seine Zufriedenheit mit den Worten auszudrücken: „Alles im Fluss".
Dem *Melancholiker* dagegen gelingt es fast nie, die tiefe Traurigkeit in den Griff zu bekommen, die ihm seine zu starke Bindung an die Erde, an die Schwere der Materie, auferlegt. Dabei ist paradoxerweise das beste Mittel, ihn zum Lachen zu bringen, ihn darauf hinzuweisen, wie traurig das Leben doch ist.

Dieses Wissen ist schon in der Heilkunst des Hippokrates enthalten: Eine Krankheit beginnt oft mit einer Disharmonie dieser vier Zustände an einer bestimmten Stelle des Körpers. Zunächst beobachtet man genau das Umfeld dieses Prozesses im Ungleichgewicht

– welch schwierige Aufgabe, die das Mikroskop nie erfüllen und das Antibiotikum nie ersetzen kann! Dann versucht man, diesem Ungleichgewicht abzuhelfen, indem man eine Pflanze oder ein Tierorgan verschreibt, das durch seine Eigenart genau diesen spezifischen Zusammenhang in sich trägt. Die Heilpflanze wird also nicht nur als Träger von Substanzen oder Molekülen betrachtet,

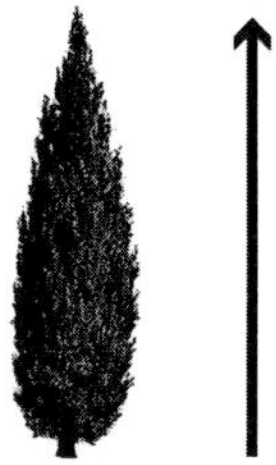

**Die Zypresse**

Starke Sonnenanziehung, apollinischer Typ.

**Die Zeder**

Perfektes Gleichgewicht zwischen Auftrieb und Schwere, also horizontal ausgerichtet.

**Die Trauerweide**

Die Schwerkraft überwiegt, das Höhenwachstum kann nicht stattfinden.

*Bild III: Das Verhalten der Pflanzen in der Polarität Erdanziehung bzw. der Sonnenanziehung.*

sondern als mögliche Gebärde oder Beziehung, eine Art Überbrückung zwischen bestimmten Prozessen, die unsere Individualität, unser Verhalten unbewusst unterbrochen hat. In diesem Sinne sollte man die sich entwickelnde anthroposophische Medizin und in gewisser Weise auch die biologisch-dynamische Wirtschaftsweise verstehen.

## Beobachtung der Brennnessel

Wir wollen dies – sehr unvollständig – mit dem gewollt vereinfachten Beispiel der Brennnessel illustrieren, um uns mit der biologisch-dynamischen Wirtschaftsweise konkret vertraut zu machen. Nein, wir haben nicht das Thema verfehlt. Mithilfe dieser Methode können wir das Wesen des Weins und seine medizinischen Aspekte besser erfassen, der Weinrebe selber näherkommen und auch den Pflanzen, die sie bei der Erfüllung ihrer Aufgabe unterstützen, während unser Klima zu immer größerem Durcheinander verurteilt ist. Ein kurzer Blick auf die Brennnessel zeigt uns, dass sie anscheinend – wie ein beflissener Diplomat – ihre Aktivitäten eher zur Mitte hin konzentriert als zu den Extremitäten: Ihre Wurzeln bleiben an der Oberfläche und weigern sich, tief in den Boden einzudringen; ihre Blüten, die sich über den ganzen Stängel verteilen und sich nicht nur auf die Spitze beschränken (siehe Bild), sind ebenso bescheiden wie reizlos; die Frucht besteht nur aus einem winzigen, kaum ausgebildeten Körnchen, das grün bleibt. Damit zeigt uns die Brennnessel, dass sie in ihrem Blatt mit der hellen, leuchtenden Rückseite – beinahe blütenhaft –, an der man sich so brennen kann, Qualitäten konzentriert, die dort normalerweise nicht sein sollten. Wir wissen, dass das Blatt das mittlere Organ der Pflanze ist, zwischen ihren Extremitäten, den Wurzeln und den Samen. Man kann also verstehen, dass es sich

*Die Brennnessel*

bei der Brennnessel um eine Pflanze handelt, die in ihre Mitte hereinholt, was andere Pflanzen in ihren Extremitäten ausdrücken. Durch diese Fähigkeit, etwas in der Mitte zu sammeln oder Extreme auszugleichen, ist die Brennnessel ausgesprochen nützlich für das menschliche Herz. Das Herz selber ist ein Zentralorgan, das ständig versucht, die Kräfte des Nervensystems und des Stoffwechsels zu harmonisieren, denn das Nervensystem steht allzu oft unter Druck, während der Stoffwechsel die Unordnung verdauen muss, die wir ihm allzu oft auferlegen. Rudolf Steiner sagte von der Brennnessel, dass sie eine beinahe unersetzliche Pflanze sei. Die Weinrebe nimmt Brennnesseltee dankbar an, besonders wenn Trockenheit herrscht. Brennnessel kann auch als Jauche eine Wohltat sein, aber nur auf die Böden ausgebracht und unter der Bedingung, dass der Geruch nicht zu stark ist, denn der Boden liebt keinen Gestank.

Hier nur ein kurzer Abriss dieses ungeheuren Wissens aus der Vergangenheit über die Pflanzen, das später wieder aufgenommen und weiterentwickelt wurde: zuerst von Goethe, dann von Rudolf Steiner, dem Begründer der biologisch-dynamischen Landwirtschaft. Für uns ist nicht nur der physische Aspekt der Pflanzen interessant, sondern vor allem ihr Verhalten – ihre Angewohnheiten, könnte man sagen – und ihr energetischer Hintergrund. Dieses botanische Wissen erreicht in unserer Zeit einen Höhepunkt mit den wunderbaren Büchern von W. Pelikan „Die Heilpflanzen" und von G. Grohmann „Die Pflanze", in denen man ganz konkret das tiefe, heilsame Wesen der Pflanzen begeifen kann, ohne sich nur mit ihren Molekülen zu beschäftigen.

Ich will damit sagen, wir erfassen so die Melodie, die in jeder Pflanze schlummert und deren sämtliche Bestandteile einen Akkord bilden, dessen Harmonie ständig wechselt. Diese Ganzheit heilt mehr als jede einzelne aus dem Akkord herausgelöste Note, mit denen sich unsere heutige Wissenschaft – mangels besseren Wissens – viel zu lange beschäftigt.

Liebe Jugend, ergreift dieses Wissen, versucht es zu vertiefen!
Es wird euch euer Leben lang tragen!

# Die Weinrebe und die landwirtschaftliche Lehre

Wir haben inzwischen genug gelernt, um uns in der Sprache auszudrücken, die zum wahren Wesen unserer Freundin, der Rebe, führt. Natürlich steht auch sie, wie jede Pflanze, zwischen den beiden Tendenzen, deren eine zum Zentrum der Erde, zur Schwere, strebt, und die andere Richtung Sonne, zur Wärme hin. Schon die Griechen wussten, dass die Rebe eine dionysische Pflanze ist, im Gegensatz zu den apollinischen. Nach dem vorangegangenen Erläuterungen ist dies leicht zu verstehen. Die Pflanze des apollinischen Typs wächst nur nach oben, mit einer Geradheit, die nichts stören kann, wie um der Sonne nahe zu kommen. Die Zypresse, die zehn oder zwanzig Meter hoch wächst, ganz schmal und aufgereckt, gibt uns ein ideales Beispiel für eine apollinische Pflanze. Die christliche Religion hat für diesen Typ den Weizen gewählt. Niemand kann erklären, wie ein so dünner Stängel wie der des Weizens so hoch wachsen kann und dabei doch dem Wind zu trotzen vermag. Das ist nur möglich, wenn eine gesunde Landwirtschaft den Kiesel bei der Erfüllung seiner Aufgabe nicht stört. Nebenbei soll jedoch erwähnt werden, wie sehr unsere aktuellen Weizensorten unter verschiedensten Manipulationen gelitten haben, besonders den furchtbaren Wachstumshemmern, welche die Höhe der Weizenstängel auf sechzig Zentimeter beschränken, wo sie doch früher bis zu 1,50 m hoch wurden!
Aufgrund dieser Tatsache können sich unsere Sorten nicht mehr genug von der Erde „freimachen“, sich nicht mehr mit ihren spezifischen Energien verbinden und können so auch dem Menschen nicht mehr die Qualitäten vermitteln, die der Weizen einmal in sich getragen hatte. Man verdächtigt ihn sogar, Allergien hervorzurufen, ohne zu verstehen, dass der Mensch selber die Ursache dafür ist!
Im Gegensatz zur apollinischen Pflanze steht der dionysische Typ, der uns eine starke Vorliebe für die Kräfte der Erdanziehung zeigt. Eine solche Pflanze bekommt in ihre Wurzeln eine ungeheure Gewalt, mit der sie die härtesten und zugleich die magersten Böden sprengt und sich dabei auch noch wohl fühlt! Dem Weizen würde dies nie gelingen. Und selbstverständlich, Sie ahnen es schon: Das Urbild der dionysischen Pflanze ist die Weinrebe.

Sie sehen, man kann die Rebe nur verstehen, wenn man auch ihr Gegenteil versteht. Die Zypresse oder der Weizen schicken Kräfte in Stamm und Halm, die ihnen helfen, der Schwerkraft zu trotzen und sich immer höher der Sonne entgegenzuschwingen. Dieselben Kräfte lassen die Wurzeln der Weinrebe auch an den undankbarsten, steinigsten Stellen immer tiefer in die Erde eindringen. Diese Kraft erlaubt ihr zudem, mit sehr wenig Nährstoffen auszukommen. Man findet Rebenwurzeln bis zu dreißig oder vierzig Metern Tiefe und manchmal noch mehr. Sogar wenn der Grund aus reinem Fels besteht, genügt ihr doch die geringste Lücke, um ihre Wurzeln hineinzuschlängeln. Mit dieser außergewöhnlichen Verbundenheit mit den Kräften der Erde ist es der Rebe beinahe unmöglich, aus eigener Kraft in die Höhe zu wachsen.
Damit sage ich nicht, dass sie der Liane gleicht; dieser Vergleich wird oft angestellt und ist sehr unangemessen, denn die Rebe ist sehr viel mehr als eine Liane.

Bereits für die geringste Entfernung vom Boden brauchen ihre Zweige etwas, um sich festzuhalten, sonst ziehen sie die tellurischen Kräfte wieder nach unten. Man muss sie also „palisieren", sie unterstützen mit Draht, mit Pfählen, mit abgestorbenen Bäumchen – wie manchmal in Portugal –, damit sie einen Halt findet und in die Höhe kommen kann, die sie (vielleicht) dringend braucht.

Wenn man, gegen Frühlingsende, die Verrenkungen mit ansehen muss, mit denen sich die Rebe zuweilen nach oben windet, kann man nicht unberührt bleiben von solchem „Heimweh zur Sonne", wie man es in diesem Stadium nennen könnte. Jeder Zweig, der zur Erde zurückfällt, sucht sich jede nur mögliche Unterstützung, um einen neuen Aufstieg in die Höhe zu wagen. Sie ist eine Gefangene der Erde, unsere Rebe, das ist offensichtlich. Dieses Joch der Schwerkraft beherrscht sie völlig.
Davon spricht bereits der griechische Mythos, in welchem Persephone, die Tochter der Demeter, von Pluton entführt wird, dem Gott der Unterwelt, dem Symbol von Schwere und Willenskraft. So wird Persephone die Gefangene der erbarmungslosen irdischen Gesetze genauso wie ihr Sohn Dionysos, den die Titanen später zerstückeln – auch sie repräsentieren die Kräfte der Erde.

Die Gravitation ist die Kraft, die alles einfängt, was unter irdischen Einfluss gerät; sie umkleidet mit Materie, sie isoliert und löst aus der energetischen Einheit heraus. Auf der physischen Ebene treibt sie in die Separation und lässt im Menschen die Vorstellung vom „Ich“, vom „Selbst“, entstehen, die uns voneinander trennt, im Guten wie im Schlechten! Diesen verlorenen Gesamtzusammenhang muss der Mensch sich wieder erobern. Das ist die Auferstehung des zweiten Dionysos, dessen Herz gerettet und dem Zeus anvertraut ist.
Die Weinrebe ist somit die urbildliche Pflanze der Erde, die sich mit ihr am tiefsten vermählt und ihre Schwerekräfte hinnimmt. Schauen Sie, wie sie ihre Blüten in ihrem Schoß birgt, nach unten gerichtet. Normalerweise blühen Pflanzen in ihrer Peripherie, oberhalb der Blätter. Die Rebe ist dafür zu sehr von der Erde angezogen; um die Blüten zu finden, die in ihrer Mitte versteckt sind, muss man ihre Zweige und Blätter auseinanderbiegen. Aber lassen wir uns nicht täuschen – trotz ihrer geringen Größe und ihrer Zurückhaltung verströmen sie einen Duft, den man mehrere Meter weit riecht, was uns zeigt, dass die Rebe bei aller Erdverbundenheit den Zusammenhang mit den Sonnenweiten bewahrt hat. Von der Erde gefangen zu sein heißt nicht, jegliche Verbindung zum Sonnensystem zu verlieren, zur Welt der Gestaltungskräfte. Im Gegenteil, diese Trennung, dieses „Heimweh“, schafft als Gegenreaktion ein Übermaß an Hinwendung zur Sonnensphäre. Aus diesen deutlich atypischen Merkmalen schöpft die Rebe ihre Fähigkeit, etwas so Edles, Komplexes wie den Wein hervorzubringen.

Dies erlaubt uns, eine wichtige Frage anzusprechen, die in unseren Weinbau-Schulen, denen oft derart qualitative Überlegungen fremd sind, nie gestreift wird: Sollten wir, als Winzer, die Rebe überhaupt darin unterstützen, die Erde unter sich zu lassen, das heißt ihrem irdischen Gefängnis zu entwachsen, um ihrer Lebensquelle wieder näher zu kommen? Ich meine damit, sollen wir ihr helfen, in die Höhe zu kommen, mit Pfählung oder einem Schnitt, der ihr das Klettern erlaubt, oder auch einfach mit einem Zypressentee auf die Blätter? Oder sollten wir eher diese Verbindung zur Schwere akzeptieren und bestärken, indem wir sie zum Beispiel jedes Jahr beim Schnitt wieder nach unten führen und sie damit zwingen, nahe am Boden zu bleiben? Das hieße, mit einer solchen Vor-

gehensweise das starke Temperament sogar noch anzuregen, mit dem sie Mutter Natur ausgerüstet hat, um auch widrige Umstände gut zu überstehen. Könnte solch eine Aktion dem Wein eher noch mehr Reiz oder Schwung verleihen?
Nehmen wir ein Kind zum Beispiel: inwieweit soll man ihm nachgeben oder es einschränken, damit es zu sich selber findet? Wie weit kann man gehen? Genauso sollte der Winzer das Alter seiner Reben in Betracht ziehen, die Bodenbeschaffenheit, den Breitengrad des Orts, die Ausrichtung der Hänge, die vorherrschenden Wind- und Niederschlagsverhältnisse etc., ehe er eine Entscheidung trifft, von der es dann abhängt, ob er ausgereifte, sortenreine Trauben ernten wird, oder aber verhärtete, untypische – wenn er nicht ohnehin schon verfälschende Technologien zu Hilfe nimmt!

Nach solchen Überlegungen wird jeder Winzer seinen eigenen Weg wählen, anhand seiner eigenen Kreativität, um seine Reben ihrer Art gemäß zu behandeln. Bleibt nur noch hinzuzufügen, dass jede Pflanzenart von der Natur Kräfte mitbekommen hat, die ihr erlauben, ihre Aufgabe zu erfüllen.

Die große Frage bleibt, inwieweit der Mensch in den letzten Jahrzehnten dieses kostbare Gut durch seine Unwissenheit geschwächt hat? Müsste eine landwirtschaftliche Ausbildung nicht dies alles beinhalten: den Schülern Kreativität und Freiheit mitzugeben, indem man dieses Wissen berücksichtigt, anstatt Rezepte und Denkschablonen zu predigen, die ein Unverständnis zu Pflanzen nach sich ziehen und nur den Subventionsmärkten den Weg bereiten?

An einem Ort, der einer bestimmten Rebsorte entspricht, führt eine klug praktizierte Landwirtschaft die Rebe so weit, ihr tiefstes Wesen vollständig auszudrücken. Außerdem kann jeder Winzer, wie wir sehen werden, seine Reben mit seiner persönlichen Handschrift zeichnen, indem er wohlüberlegte landwirtschaftliche Maßnahmen wählt, die sich in seinem Wein wiederfinden lassen.

Nur mit diesen landwirtschaftlichen Maßnahmen und einem tiefen Verständnis der Naturgesetze und deren Hintergründe, die heute weitgehend übergangen werden, sind wir wirklich gewappnet, die ganze Bandbreite edler Geschmacksvariationen unserer QbA-Wei-

ne zu schaffen. Zu glauben, diese Arbeit würde im Keller geleistet, beruht, wie wir sehen werden, auf einem Missverständnis. Dies wird im Allgemeinen von solchen Winzern verbreitet, die inzwischen ihre Keller in Fabriken umwandeln mussten, in denen sie versuchen, ihre Anbau-Fehler auszumerzen – und auch das nur unvollständig, ohne den Sachverhalt wirklich zu durchschauen.
Für alle Rebsorten gilt, dass zuviel Bequemlichkeit für die Rebe – damit meine ich zum Beispiel zuviel Mistgaben; oder einen zu sauberen Boden, ohne die Konkurrenz anderer Pflanzen; oder eine zu geringe Dichte der Rebstöcke pro Hektar; im Ganzen zu starke Bodenkräfte – den Blattwuchs zu sehr stimuliert und damit einen eher weichen Wein hervorbringt, sehr leicht und ohne Schwung. Die Rebe wird dabei nicht genug angeregt, ihr kräftiges Temperament, ihre ursprüngliche Kraft, voll auszuschöpfen und dadurch der Ernte ihren Charakter einzuprägen.

Diese für Amateure fast zu professionellen Überlegungen sollen erklären, warum immer mehr Winzer eher von ihrer Arbeit in den Weinbergen sprechen, als von der in ihren Kellern, wie um die schlimmen Fehler einer Vergangenheit zu verdeutlichen, die noch lange nicht überwunden ist. Der Mensch öffnet sich allmählich den grundlegenden Fragen, wie er über seine Bildung und sein Wissen die Pflanzen zu einer gewissen Leistung anregen – nicht zwingen – kann. Nur in dieser Synergie zwischen Mensch und Pflanze, und nicht in der Abstraktion eines rein materiellen Wissens, kann ein wirklich großer Wein gedeihen.

Verehrte Weinbauschulen, ist Ihnen bewusst, in welchen Zustand intellektueller Austrocknung Sie Ihre Schüler allzu oft versetzen? Wie Sie deren Kreativität einschränken? Wieweit Sie sie von sich selbst und ihren menschlichen Qualitäten entfernen? Wann werden Sie Ihnen beibringen, die Lebensvorgänge zu beobachten, wie zum Beispiel das Verhalten eines Weinblattes, das von Geburt an nach unten zeigt, im Gegensatz zum Lorbeerblatt, das nach oben gezogen wird? Ist Ihnen klar, dass das Blatt mit dieser Gebärde sein wahres Wesen offenbart? Ist es nicht an der Zeit, den Schülern die Persönlichkeit jeder Pflanze nahezubringen, damit diese sich in einer gesunden Landwirtschaft voll entwickeln kann und für den Menschen eine Nahrung, reich an Lebenskräften, produziert?

Für den „Wein-Amateur" ist es wesentlich, zuerst die dionysische Natur der Rebe zu verstehen, und dann, wie sehr es darauf ankommt, dass sie auch respektiert wird, damit sie sich den Feinheiten von Boden und Klima einfügen und ihre wahre Persönlichkeit mit den Eigenschaften des Orts, an dem sie wächst verbinden kann.
Der leidenschaftliche Winzer ist ständig auf der Suche nach den neuesten Erkenntnissen, nach den Hintergründen all dessen, was seine Reben beleben könnte und Eleganz in seine Trauben zu bringen vermag.

Jetzt, da wir die erste Etappe hinter uns gebracht haben, müssen wir uns eine schmerzliche Frage stellen: Was hat man aus der Weinrebe innerhalb der letzten Jahrzehnte gemacht?

1. Die Weinrebe:
Die unteren Kräfte dominieren, die Blätter zeigen nach unten.

2. Der Lorbeer:
Die oberen Kräfte dominieren, Zweige und Blätter werden nach oben gezogen.

*Bild IV: Das Verhalten von Pflanzenblättern ist entsprechend ihrer natürlichen Anziehung durch die Sonne bzw. Erde.*

# Landwirtschaftliche Anbaufehler

Bis zum Ende der fünfziger Jahre waren zwar nicht alle Weine gut, bei weitem nicht, aber fast alle waren ehrlich. Heute kommt man beinahe soweit, diesem schlechten, echten Wein nachzuweinen! Ich will damit sagen, dass wir ständig Weine vor uns haben, bei denen die Rebe ihr Werk nicht zum guten Ende führen konnte, sondern immer wieder die ästhetische Chirurgie mit den unzähligen Kunstgriffen, die die Technologie uns bietet, eingreifen musste, um schlussendlich einen guten Wein ohne Seele zustande zu bringen. Und somit haben wir gute falsche Weine vor uns, bei denen sich die QbA eher auf dem Etikett präsentiert als in der Flasche! Den unverkennbaren Geschmack, den jede kontrollierte Marke dem Verbraucher einstmals gesetzlich garantierte, gibt es nicht mehr!
Wie konnte es soweit kommen?
Was ist geschehen?

## Die Herbizide

Es ist ganz interessant, einmal anzuschauen, wie dies alles ausgeklügelt eingefädelt und der Erzeuger selbst in die Falle gelockt wurde. Zuerst hat man den Winzer mit einem sehr attraktiven Produkt umworben: den Herbiziden. Dies bedeutete die ***erste große Tragödie*** für die Rebe.
Eine schwere, anstrengende Aufgabe des Winzers war es, jedes Frühjahr bis in den Sommer hinein seinen Boden sauber zu halten

*Bild V: Mit Herbiziden behandelter Weinstock. Das hat zur Folge, dass sich die Wurzeln an die Oberfläche zurückziehen, sehr zum Schaden der Pflanze.*

– heute haben sich, wie wir sehen werden, die Gewohnheiten geändert. Das hieß: ermüdende Handarbeit zu Zeiten, wo die Natur ihn schon von früh bis spät beansprucht. Da ist ein Unkrautvernichter sicher eine Versuchung. Viele haben es ausprobiert. Diejenigen, die mit solchem Nachdruck dazu geraten haben, hüteten sich ein Phänomen anzusprechen, das ist für die Qualität der Weine unabdingbar und welches die Experten „Mykorrhiza“ nennen. Was ist das?

Ganz einfach: Um sich zu ernähren, braucht die Wurzel die Mikroorganismen des Bodens, etwa so, wie wir unsere Hände brauchen, um zu essen. Jede Art dieser Mikroorganismen hilft der Wurzel, einen anderen mineralischen Anteil aufzunehmen. Wenn sie fehlen, hungert die Wurzel, genau so, wie es uns erginge vor einem Tisch voller Nahrungsmittel mit auf den Rücken gebundenen Händen.

Der unglaubliche Verkaufstrick für Herbizide besteht darin, dass sie innerhalb weniger Jahre beinahe alle Arten von Mikroorganismen vernichten. In den ersten Jahren schafft dieser Effekt sogar Vertrauen, denn der Tod dieser Organismen reichert den Boden an. Aber nach fünf bis acht Jahren bleibt dort fast nichts Lebendiges mehr übrig. Wenn Sie in einen Boden, der fünfzehn Jahre lang mit Herbiziden behandelt wurde, ein Loch graben, werden Sie mit Erschütterung feststellen, dass beinahe alles Leben, das sonst den Ackerboden ausmacht, daraus verschwunden ist. Und da die Wurzeln darin nicht mehr leben können, ziehen sie sich an die Oberfläche zurück.

## Kunst(mineral)dünger

Was sind nun die Konsequenzen dieses „heimlichen Mordes“ am Boden? Da sich die Weinstöcke nicht mehr aus der Erde ernähren können, ist es ab jetzt möglich, den Winzern massenhaft Wachstumshilfen zu verkaufen. Das war/ist die ***zweite große Tragödie*** für unsere AOC-Weine, und auch sie ist ungeheuer lukrativ. Ein neuer großer Markt tut sich auf, der zwar auch schon vorher existierte, jedoch noch recht diskret – der Markt für chemischen (Mineral-)Dünger, zuerst für die Böden, dann für die Blätter (Blattdünger). Wir werden hier nicht weiter ins Detail gehen. Es genügt zu wissen, dass chemische Dünger und vor allem Salze es sind, die den Wasserbedarf der Pflanzen steigern! Essen Sie einen Löffel Salz – sofort werden Sie Durst verspüren und trinken müssen, um den gesteigerten Salzgehalt wieder auszugleichen. Für die Pflanzen ist es dasselbe. Schauen Sie sich an, wie ein großer Kohlkopf beim Kochen das ganze Wasser wieder ausdünstet, das man ihm vorher hineingezwungen hat.

Die Wirkung dieser Dünger ist natürlich ganz und gar nicht harmlos, auch wenn die Reben der ganzen Welt auf die gleiche Art und Weise ernährt werden. Indem man einer Pflanze zuviel Wasser aufdrängt, regt man die Natur – die ständig bestrebt ist, das Gleichgewicht zu erhalten – zu Reaktionen an, die dann meist in Krankheiten bestehen.
Diese Mikroben, Viren und der Pilzbefall müssen vor allem als Indikatoren von Ungleichgewicht oder Anfälligkeit betrachtet werden. Dies sollte eines Tages in Großbuchstaben über dem Eingang jeder Landbauschule stehen, damit sie nicht mehr als „Rattenfänger" für die Pflanzenschutzmittel-Industrie dienen. Die Verantwortlichen für die Krankheiten in der Landwirtschaft sind weder Mikroben noch Viren, wie man es uns immer wieder weismachen will. Das sind nur die Vollstrecker, das Reinigungspersonal, wie die Krabben im Meer, mit der Aufgabe, alles zu zerstören, was nicht mehr lebensfähig ist. Wenn man sie bekämpft, ohne das Ungleichgewicht zu korrigieren, das sie hat aufkommen lassen, schwächt man die Pflanze noch mehr; denn für eine nur vorübergehende Heilung fügt man ihr ausgesprochen gefährliche chemische Zusammensetzungen (Moleküle) zu, die sie erst recht aus dem lebendigen Zusammenhang herauslösen, den sie für ihre Gesundheit so dringend braucht! Sie sehen also, dass man so in wenigen Jahren unwiederbringlich den Nährboden für immer komplexere, und damit lukrativere, Krankheiten schafft.

## Eine „systemische" Tragödie

Diese Gedankengänge sollen klarmachen, dass die chemischen (Mineral-)Dünger eine starke Zunahme der Pilzkrankheiten verursacht haben, wie Oidium und Peronospora. Natürlich gab es diese Krankheiten auch schon früher, doch nicht in diesem Ausmaß.

Der Wasserüberschuss, hervorgerufen durch die Düngersalze, macht sich bei jedem Regen bemerkbar, ohne die Wachstumsperiode zu berücksichtigen, die sich für unsere Weinstöcke auf den Frühling beschränken sollte, und bewirkt das Auftreten von Pilzen, die versuchen, dieses Übermaß dadurch zu regulieren, dass sie sich an den Blättern festsetzen.

Die erste Konsequenz davon ist, dass die früher angewendeten Mittel, die bei vernünftigem Gebrauch kaum giftig waren (wie das Kupfer der Bordeaux-Brühe oder der Schwefel), nicht mehr wirksam genug sind, auch wenn man die Dosis empfindlich erhöht, wodurch sogar diese Mittel toxisch werden können. Das öffnete der ***dritten Tragödie*** die Tür, die die Qualität unserer Weine bedroht, die so genannte „systemische".

Nachdem man neue, ebenso gefährliche chemische Verbindungen gefunden hatte – die aber das Auftauchen von Krankheiten wirksam unterbinden, deren Ursache man nach wie vor nicht „verstehen" will –, wurde eine Methode entdeckt, die die Rebe zwingt, diese Moleküle in ihren Stoffwechsel aufzunehmen. Technisch gesehen genial, denn die Krankheit kann einfach nicht durchkommen! Aber qualitativ eine Katastrophe. Wie ist das genau zu verstehen?

Bis in die siebziger Jahre blieben diese gefährlichen synthetischen Moleküle an der Oberfläche der Blätter und Früchte. Der Regen wusch sie wieder ab, die Hausfrau konnte sie mit einfachem Abspülen loswerden. Sie verschmutzten die Flüsse, aber noch nicht die Nahrungsmittel. Die neue Methode dagegen zwingt diese Moleküle, in weniger als einer Stunde in den Pflanzensaft einzudringen. Das klingt praktisch, aber diese Gifte, sind so toxisch, dass das Gesetz den Winzer, der sie versprüht, dazu verpflichtet, Schutzkleidung mit Gasmaske zu tragen. Diese Gifte ziehen also ab jetzt, dank dieser Vorgehensweise, in unsere Pflanzenwelt ein.

Jawohl, Sie haben genau verstanden, sie befinden sich in den Säften, aus denen sich dann unsere Früchte und Gemüse entwickeln. Der auf diese Weise vergiftete Weinstock soll sie angeblich innerhalb von zwei Monaten eliminieren, wenn alles gut geht. Einige dieser Produkte, von denen mehrere Liter pro Hektar verwendet werden, sind derart toxisch, dass nur 3 $cm^3$ in einem Ei einen Marder – dieses flinke Tier – töten, wenn er es vor Ort schluckt. Ich möchte es an dieser Stelle nochmals wiederholen, dass die im Weinbau gebräuchliche Dosis mehrere Liter pro Hektar beträgt.

Außerdem hat man „vergessen", den Winzern zu sagen, dass der Saftstrom des Weinstocks seine wichtigste Verbindung mit der Sonne oder dem Sonnensystem darstellt, woraus ihm Geschmack, Lebens- und Reifekräfte zukommen. Ein vergifteter Pflanzensaft – der Ausdruck ist nicht zu stark – kann keine qualitativ hochwertige Arbeit leisten, das ist verständlich.

All diese Tragödien, manchmal immer noch „Fortschritt" genannt, haben zwar zur Steigerung der Erträge geführt, die aber wenig Klasse zeigen, da die Böden geschwächt sind und die Säfte die klimatischen Besonderheiten nur bedingt aufnehmen, so dass sich auch die „Qualität der bestimmten Anbaugebiete" wenig bemerkbar macht!

## Das Klonen: ein blasser Abdruck der Sorten

Diese kurze Abhandlung erlaubt uns nicht, zu sehr ins Detail zu gehen. Auf jeden Fall muss man verstehen, welche qualitative Verarmung das Klonen mit sich gebracht hat. Jede Rebsorte: Chenin, Chardonnay, Cabernet etc. hat tausenderlei besondere Ausprägungen, ungleichmäßig verteilt auf die einzelnen Weinstöcke. Aus diesem Grund praktizierte man früher bei der Neubepflanzung eines Weinbergs die sogenannte „Massen"-Selektion, aus Hunderten von Weinstöcken mit jeweils verschiedenen Qualitäten, mit denen man die ganze Anlage neu bildete. Für den Klon dagegen hat man einen einzigen, meist sehr ergiebigen Stock ausgewählt, als Träger einer oder zwei auffälliger aromatischer Eigenschaften, und dabei nicht beachtet, dass wahre Schönheit nur aus einer Vielfalt von Merkmalen entsteht, die sich im gegenseitigen Austausch harmonisieren. Diesen einen Stock hat man in Hunderttausende oder Millionen Exemplaren vervielfältigt. Auch wenn man inzwischen mehrere Klone pro Rebsorte selektioniert hat, bleibt das Grundproblem dasselbe. Darüber hinaus haben die merklich gesteigerten Erträge zu „grünen Ernten“ gezwungen, das heißt, die Trauben werden vor der Reife ausgedünnt. Diese zurzeit übliche Praktik ist allgemein anerkannt, dabei vertuscht sie nur die schweren Selektionsfehler.

Vom industriellen Standpunkt aus gesehen ist das Klonen ein großer Fortschritt. Da alle Weinstöcke von demselben Ursprung abstammen, blühen alle Nachkommen zur selben Zeit und können also auch gleichzeitig geerntet werden, sogar maschinell. Aber gemessen an der Fülle von Ausdrucksmöglichkeiten jeder Sorte, die in jedem einzelnen Weinberg liegen, bedeutet es eindeutig eine Verarmung.
Man kann es auch anders ausdrücken: Eine Diskussion über irgendein Thema lässt sich, je nachdem, ob sie von zwei oder dreißig Personen geführt wird, nicht auf dieselbe Weise vertiefen. Der Klon, der dreißig Jahre lang als Meister in unseren Weinbergen geherrscht hat, hat die Fähigkeit der Reben, Fülle und Geschmacksreichtum unserer Sorten zum Ausdruck zu bringen, drastisch verringert.

Beenden wir das Kapitel mit der einfachen Aussage, dass ein Wein, dessen Herkunft sich geschmacklich kaum bemerkbar macht, nur verkauft werden kann, wenn er „geschönt“ wird.

Damit sind Tor und Tür für die ***vierte*** und letzte ***Tragödie*** geöffnet. Über die beinahe unumgänglichen „Hilfsmittel“ sind die Winzer Gefangene eines Systems geworden, das sie oft um die 1.000 bis 1.500 Euro pro Hektar und Jahr kostet.

So hat die Technologie massiv Einzug gehalten in unsere Weine der AOC, hat ihnen damit aber auch ihren tieferen Sinn genommen. Damit hat Frankreich, das doch so reich an Landschaften und Mikroklimata ist, langsam, aber sicher seinen wirksamsten Trumpf aus der Hand gegeben, mit dem sich sein Wein in der ganzen Welt verkaufen ließ, und sich der globalen Konkurrenz ausgeliefert.

# Die besonderen Energien eines Ortes

Soviel wurde schon über den „Weinkeller“ geschrieben, dass wir uns mit dem beschäftigen wollen, was normalerweise nicht gesagt wird, und zwar im Besonderen mit den Formen der Einrichtung im Keller und der Kellerform selbst, was sie bedeuten und was man notwendigerweise wissen muss, um sie genau zu verstehen. Das führt zu einer völlig neuen Sichtweise dessen, was wir „Leben“ nennen.

Vorausschickend wollen wir kurz die Aufgabe des Kellers umreißen. Die Grundregel ist einfach. Wenn sich der Wein, von Frühjahr bis Herbst, rein aus den Kräften der Natur entwickelt hat – das heißt, wenn der Weinstock, gemäß den besonderen Eigenschaften seiner Rebsorte, ungestört die klimatischen Gegebenheiten verwandeln konnte in Zellulose, Stärke, Zucker, ohne abgelenkt zu werden von hochgiftigen chemischen Verbindungen oder künstlichen Wachstumshilfen –, dann befindet sich der Most in solch einem harmonischen Gleichgewicht, dass er im Keller ein gutes Verhalten zeigt.

Was für eine Form hat der Keller, ist er gewölbt, eckig, mit Bögen oder nicht? Wie sind seine Proportionen, richten sie sich nach dem Goldenen Schnitt? Ist die Elektrostatik an dem Ort, an dem er steht, in Ordnung? Alle Formen, mit denen man sich in der Baukunst der Vergangenheit so intensiv beschäftigt hat, haben ganz spezifische Wirkungen. In einem Keller, bei dessen Bau dieses Wissen berücksichtigt wurde, wird man qualitativ viel hochwertigere Ergebnisse erzielen. Die Winzer, welche die gesunden Anbaumethoden praktizieren werden das alle bestätigen. Es bleiben natürlich die einfachen, grundlegenden Maßnahmen, wie die „Batonnage“ (das Aufrühren der Hefe) oder die „Soutirage“ (der Abstich), die immer anfallen. Aber wenn Sie den Weinstock nicht bei seiner Arbeit stören, oder, noch besser, ihn unterstützen, diese gut zu machen – wofür es eines makrokosmischen Verständnisses des Lebens bedarf –, wenn Ihre Weinberge gute Lagen haben und wenn ihre Rebsorten richtig gewählt sind, dann ist der Keller wie eine Entbindungsstation, auf der man nur den guten Verlauf der Dinge begleitet.

Sicher gibt es ein paar kleine Geheimnisse – die eigentlich keine mehr sind –, aber eher in Bezug auf die Dauer der Pressung und der Gärung oder des Verbleibens in der Maische. Sicher haben diese Maßnahmen sogar spürbare Wirkung, aber im Allgemeinen muss man im Keller wenig eingreifen, sondern mit Bewunderung beobachten, was sich da entwickelt. Das ist nicht weiter erstaunlich. Man knüpft dabei einfach an ein Vorgehen an, das mehrere Jahrhunderte lang üblich war, bis Ende der vierziger, fünfziger Jahre. Bis zu dieser Zeit brachte eine vernünftige Landwirtschaft auf den großen Domänen sogar noch nach hundert Jahren einen majestätischen Wein zur Reife.

Will man aber die Natur ersetzen, ohne sie zu verstehen, betrachtet man den Boden als totes, unwichtiges Substrat, wie es bis vor wenigen Jahren noch in den großen Weinbaugebieten gelehrt wurde, und muss dadurch den Wein von völlig „denaturierten“ Reben ausbauen, dann wird die Arbeit im Weinkeller ohne dauernde, kostspielige, unumgängliche Zugaben zu riskant. Wie kann man sich darüber wundern, dass der Most sich im Keller auffällig verhält, ohne gleichzeitig die mörderische Bewirtschaftung der Weinberge in Frage zu stellen? Nur aus dieser Sicht kann man die Meinung vertreten, dass es ohne die Arbeit im Keller keinen anständigen Wein geben kann.

Überspitzt ausgedrückt, gibt es zwei Wege im Weinbau: den einen, bei dem die Natur und damit die „Qualität der Anbaugebiete“ vom Kellermeister ersetzt wird; dieser stellt einen guten Geschmack

her, aber ohne die besonderen Merkmale des Standorts – es ist also nur noch die allgemeine Rebsorte erkennbar.
Bei dem anderen vollbringt die Rebe selbst das Werk auf allerschönste Art und Weise, indem sie sich aufmerksam dem öffnet, was um sie herum lebt. Das heißt ganz einfach, dass sie die Eigenarten erfassen kann, die eine Landschaft mit den darin lebenden Tieren und der Art ihrer Bearbeitung prägen. Das sind auch die Grundlagen der biologisch-dynamischen Wirtschaftsweise.

Als Winzer kann man also wählen, ob man „wine maker" oder „nature assistant" werden will.

## Die Bedeutung der Klimaeinflüsse

Um besser verstehen zu können, wie wir uns bei der Arbeit in den Weinkellern verhalten sollen, müssen wir also noch weiter zurückgehen und unsere Pflegemaßnahmen im Detail betrachten. Wir haben gezeigt, wie in der Traube das Nicht-Materielle, das Übersinnliche, in der Photosynthese in edle Substanz verwandelt wird. Diesen Aspekt sollten wir vertiefen, er ist wesentlich für ein Verständnis dafür, wie wir die Arbeit im Keller in Grenzen halten können.

Das Klima besteht aus drei Komponenten, die jedes Jahr neue Spielarten zeigen. Als erstes der Regen, vorzeitig oder verspätet, reichlich oder selten; dann die Wärme, auch sie mit den erwähnten Eigenschaften; zum Schluss die Winde, in denen bewegte Luft und Lichteinfall verknüpft sind. Dabei spielen die landschaftlichen Gegebenheiten eine wichtige Rolle, besonders die Seen und Flüsse, die das Licht reflektieren. All dies durchdringt sich unablässig. Die Wärme zum Beispiel kann die Feuchtigkeit schnell in leichten Dunst auflösen oder sie lange im Boden gären lassen, und die Winde beteiligen sich ständig wechselnd an dieser Aufgabe. Die Griechen hatten sieben Windgötter, von denen Zephir der sanfteste war. Immer wieder stoßen wir auf diese Gabe des Altertums, Eigenschaften und Kräfte wahrzunehmen, die man dann gern in Götter verwandelte. Sagt man nicht, aus ähnlichem Grund, im Rhônetal zu den heftigen Winden „Dr. Mistral"?

Aus all diesen Zusammenhängen entwickeln sich das Bodenleben, die Mykorrhiza und die Photosynthese. Deshalb ist auch alles, was die Rebe jedes Jahr aufbaut im Wachstum ihrer Triebe, ihrer Blätter, ihrer Trauben, durchdrungen von unzähligen geheimen Botschaften, die von Jahrgang zu Jahrgang verschieden sind. Und alles konzentriert sich, wie eine Synthese, in den Kernen, durch das Fruchtmark hindurch, das sie umhüllt, in dem sie „baden". Denn alle Pflanzen sorgen vor allem für das Überleben der Art, für ihre Nachkommen! Die Entwicklung des Samens ist etwas Wunderbares. Bereits Goethe hat dies in poetischer Form beschrieben.
Da die Pflanze sich ganz der physischen Welt hingibt und dabei jedes Jahr ihren ganzen Körper, oder zumindest Teile davon, neu schaffen muss, hat sie auch die Gabe, sich so stark zusammenzuziehen, dass sie ganz in den Samen hineinverschwindet, der dann im nächsten Frühjahr ihr ganzes Wesen, ihr Wissen, ihre Erfahrungen in sich trägt. Diese Konzentration kann erst beginnen, wenn die Blütezeit vorbei ist. Für die Rebe, die sich so stark nach den Rhythmen der vier Jahreszeiten richtet, ist es ideal, wenn die Samenbildung erst nach der Sommersonnenwende stattfindet, wenn die Tage kürzer werden und die Kräfte sich nach innen richten.

## Die Sprache der Rebe

Eine zu frühe Blütezeit reißt die Rebe aus ihrer Symbiose mit den zeitlichen Rhythmen. In der Zeit um die Sommersonnenwende, wenn die Tage lang sind, wirken die Kräfte zentrifugal und ziehen nach außen. Damit helfen sie der Rebe, ihren physischen Leib aufzubauen. Erst wenn die Tage kürzer werden und die zentripetalen Kräfte überwiegen, kann sie sich zusammenziehen, um Früchte und Samen zu bilden. Eine zu frühe Blüte bringt die Rebe durcheinander, denn während die sie umgebende Frühlingsstimmung sie nach außen zieht, muss sie gleichzeitig nach innen gehen, um für die Anlagen der Trauben und Kerne zu sorgen. Die Weine aus diesem „Gegenrhythmus" sind oft vielversprechend beim ersten Schluck, doch bereits beim zweiten verflachen sie. Sicher haben die Trauben und Kerne eine gewisse Kraft, aber sie haben die Rhythmen der Jahreszeiten nicht ausreichend in sich aufnehmen können. Es wäre interessant, einmal eine Weinprobe im Hinblick auf dieses

Thema zu veranstalten – selbstverständlich unter der Bedingung, dass mit gesunden Methoden ohne Technologie gearbeitet wurde. Das Fruchtfleisch ist also das „Bad", in dem der Kern sich mit immer neuen Nuancen entwickelt. Rudolf Steiner lehrte, dass ein Teil der Kräfte, die für den Kern bestimmt sind, im Fruchtfleisch verbleiben. Das erklärt die oft ziemlich heftigen Gärprozesse und auch die geringe Reproduktionsfähigkeit der Traubenkerne.

Dies zeigt, dass die Rebe jedes Jahr die Launen und Kapriolen des Wetters übernimmt – gleich einem Maler, der die Farben auf seiner Palette verwendet, um immer neue Nuancen einer Landschaft auf der Leinwand entstehen zu lassen.

Es ist die Aufgabe der Rebe, aus den vielfältigen Gegebenheiten der Klimaverhältnisse und des Bodenlebens eines Jahrgangs ein umfassendes Bild zu schaffen, eine Einheit. Und da sie künstlerisch arbeitet, wird sie immer versuchen, einen Wohlklang, eine Harmonie zu schaffen, auch wenn sie manche Bestandteile nur gezwungenermaßen übernimmt. Um dies zu erreichen, darf man ihre natürliche Urkraft nicht mit unverantwortlichen Maßnahmen bremsen oder verändern, die nur stören. Im Grunde reicht das schon aus für einen gelungenen Jahrgang. Und wenn man die Ernten gering genug hält, werden auch die nächsten Jahrgänge große Weine.

Das erklärt auch, warum ein Säure- oder Alkoholgehalt, der sich in der Analyse als überhöht oder zu niedrig zeigt, beim Verkosten unter Umständen überhaupt nicht auffällt; und warum man, zum Beispiel beim Chenin, einen fortgeschrittenen Reifegrad abwarten kann – trotz Botrytisgefahr –, da die damit geforderte Konzentration den Mineralgehalt erhöht. All diese besonderen Umstände wirken auf das globale Wesen der Rebe ein. Gerade so wie einige schreiende Farbtupfer auf einem Gemälde sich in die Harmonie des Ganzen einfügen (wie wir es bei den Impressionisten oft empfinden), so bietet das gesamte Aufgebot der Jahrgänge den Verkostern immer wieder hervorstechende Eigenheiten. Aber das alles ist nur möglich unter einer einzigen Bedingung: dem Respekt vor dem Lebendigen, das heißt den Gesetzen, die das Leben auf der Erde bestimmen und gestalten!

Ohne dieses unentbehrliche Verständnis werden die Zulassungsverkostungen oft ad absurdum geführt. Jeder Winzer weiß, dass er zwangsläufig an Präsentationen teilnehmen muss, wenn er will, dass auf seinen Flaschen-Etiketten die Anbaugebiete und der Jahrgang erwähnt werden dürfen. Im Komitee, welches entscheidet, ob ein Wein angenommen wird oder nicht, sitzen nur Winzer. Und dennoch ist die Empfehlung, die man heute für die Qualitätsbezeichnung braucht, nicht mehr die volle Ausdruckskraft eines Standorts – das hieße Originalität –, sondern ein geradliniger, eindeutiger Wein, ohne Fehler oder persönliche Schnörkel. In manchen Gebieten drängen die besonders unnatürlich und technologisch arbeitenden Winzer ihrer Umgebung ihr Unverständnis auf, mit dem sie, salopp gesagt, „Discounter-Weine" kreieren. Und diejenigen, die versuchen, den wahren QbA(DOC)-Geschmack wieder aufleben zu lassen, werden ausgeschlossen. Das ist auch der Grund, warum Sie manchmal bei engagierten Kellermeistern edle Weine finden, die als einfache Trinkweine verkauft werden müssen. Ein Lob dem Mut derjenigen, die weitermachen. Nach soviel Tadel muss auch gesagt werden, dass es unbedingt gerechtfertigte Ablehnungen der Zulassung gibt, genau wie Verkoster-Komitees, bei denen gegenseitiger Respekt vor der Philosophie eines jeden herrscht. Zum Glück wurde das System der Pflichtpräsentationen, deren Grenzen sich deutlich gezeigt haben, 2008 geändert.

Wir sollten also die Rebe in all ihren zum Ausdruck kommenden Wesenzügen unterstützen, wozu wir zuerst einmal die ganze Bandbreite ihrer Fähigkeiten erfassen müssen, damit wir schließlich die Arbeiten im Keller einschränken können. Ein erster Schritt in diese Richtung ist der biologische Anbau. Die biologisch-dynamische Wirtschaftsweise geht noch einen Schritt weiter, wie wir sehen werden.

# Die Arbeit im Weinkeller

Das Wesentliche, was ich Ihnen, als Weinliebhaber, mit auf den Weg geben möchte, ist Folgendes:

Wenn man im Frühjahr und Herbst die Rebe hat bei ihren Kompositionskünsten nicht gestört; wenn Blätter, Blüten, Wurzeln – im Einklang mit den energetischen Lebenssystemen der Erde – die immer extremeren Ausnahmesituationen gemeistert haben, wenn die Erträge dabei in vernünftigen Grenzen gehalten wurden; wenn, wenn, wenn, dann ist jeder Jahrgang ein Gesprächspartner, der diesen Namen verdient, auch ohne jede Technologie!

Nehmen wir aber den durchaus nicht ungewöhnlichen Fall, dass wir einen Boden vorfinden, der die Wurzeln nicht ernähren kann; Blattdüngergaben für die Blätter, Mineralsalze, die die Rebe zwingen, Wasser aufzunehmen, wenn ihr Wachstum schon längst abgeschlossen ist; giftige Moleküle, die in ihren Saftlauf eingedrungen sind und die man dringend wieder ausleiten muss; dann, sechs Wochen vor der Lese, 20 % der Blätter maschinell abgerissen, um „die Reife zu fördern"; Früchte, die schon vor der Reife faulen, weil ihnen die Lebenskräfte fehlen und die drei oder vier Gaben Fäulnisstopper erhalten!
Wir sind uns einig, dass dies keine idealen Bedingungen sind für das „Kunstwerk" und dass die edlen Formkräfte, die die Natur freiwillig verteilt, wenn man sie achtet, diesen Saft nicht mehr in den Keller begleiten. Also muss der Keller zur Fabrik werden und der Winzer zu einem „wine maker"!

In diesem letztgenannten Fall braucht man ununterbrochen Gegenmaßnahmen. Als erstes muss man Hefe zusetzen, da man ja die Gärprozesse inzwischen vernichtet hat, die dem Profil des Jahres perfekt angepasst waren – eigentlich muss man sagen, die einzigen, die alle Feinheiten des Jahrgangs hätten ausdrücken können. Hier ist der Ort, den Kampf zu würdigen, den Luca Gargano seit einigen Jahren führt; seine Gesellschaft VELER, in Genua, Italien, hat die Marke „Dreifach A" niedergelegt, um ehrliche Weine zu bezeichnen, die er mühsam in ganz Europa aufgespürt hat. Sie kommen selbstverständlich alle aus gesundem Anbau und sind mit ihrer Originalität ein anschaulicher Beweis dafür, wie wichtig die einheimischen Hefen sind.

Aus Unwissenheit kaufen manche Winzer Hefen, die in Verfahren hergestellt werden, die der Genmanipulation sehr nahe kommen. In einigen Fällen wird diese Bezeichnung auch nur mit kommerzieller Spitzfindigkeit umgangen, da die Kennzeichnung nicht erforderlich ist, solange das eingefügte Gen zur „Familie" der schon vorhandenen gehört. Sie können sich leicht vorstellen, welcher wirtschaftliche Druck ausgeübt wird, um die Rechte an solcher „Verwandtschaft" zu erwerben! Der Unverstand im Weinbau geht heute sogar soweit, dass es als Kompetenzbeweis gilt, seinen Weinen systematisch Hefe zuzusetzen, um die natürliche Hefebildung zu vermeiden, die, so sagt man, „Träger schlechter Geschmacksnoten" sei!

Nur wenige Winzer sind sich darüber im Klaren, dass, wenn man einen musikalischen Klang durch absurde Praktiken verändert, Dissonanzen entstehen. Im selben Zusammenhang erliegen sie leicht der Versuchung der unzähligen (über 300) aromatischen Hefen. Ausgedehnte ökonomische Studien haben gezeigt, in welchen sozialen Schichten, welcher Preisklasse und welchem Land die einzelnen Zusätze einen Kaufreflex beim Kunden auslösen. Ein Berater könnte Ihnen sagen, „die Hefe, die Bananengeschmack erzeugt, lief sehr gut in Japan bei den Weinen zu 5 Euro, aber inzwischen empfehlen wir solche, die Johannisbeergeschmack bringen". Und, ja, es handelt sich hier um QbA(AOC)-Weine und nicht um Tafelweine, was wenigstens etwas weniger schockieren würde. Da ist das ganze Geschmacksarsenal versammelt, ganz legal, zur freien Verfügung der Winzer, mit geeigneter Software. Sie werden zugeben, dass die Pressemitteilungen zu diesem Thema eher rar sind, von einigen Ausnahmen abgesehen. Und Sie werden ebenso zugeben, dass es Zeit ist zu reagieren, wenn wir die Güte unserer AOC-Gewächse erhalten wollen.

Wenn man also durch Unverstand diesen Weg eingeschlagen hat, der unweigerlich die Schwächeren in den Ruin führt, kommt man aus den Regulierungsmaßnahmen gar nicht mehr heraus und muss ohne Ende mit Zusätzen von Hefe, von Enzymen, von Osmosestartern, mit Temperaturkontrollen usw. operieren. Ständig pariert man die Angriffe von lebendigen Kulturen (Bakterien etc.), die in einem schlecht gestarteten Wein die Beute aufspüren, von der sie sich ernähren müssen, um wiederum ihre Rolle als Vernichter zu erfüllen, die ihnen die Natur zugedacht hat. Ist erst einmal das naturgegebene Gleichgewicht zerstört oder geschwächt, verdirbt das ganze Werk, und „kosmetische“ oder technologische Hilfe wird unerlässlich. Wenn man, im Gegensatz dazu, die Rebe darin bestärkt, Lebenskräfte aufzunehmen und zu integrieren – und dafür ist die biologisch-dynamische Wirtschaftsweise prädestiniert –, können die so gewappneten Trauben beinahe alle Ausrutscher des Winzers verkraften. Sie werden allmählich verstehen, warum es so grundverschiedene Ansichten zur Arbeit des Kellermeisters gibt.

## Die Gärung

Ein weiteres Beispiel wäre die unentbehrliche Wärme-Phase der Gärung, wie wir sie einmal nennen wollen, die mehrere Tage lang auf 26 °C oder sogar 30 °C steigen muss. Diese Phase können wir entweder als Risiko zur Verschlechterung betrachten oder als unumgänglichen Faktor auf dem Weg zur vollen Ausdrucksfähigkeit des Weins. Die Gärung ist wie das Fieber – die Suche nach einem neuen Gleichgewicht – durch eine Art „Wärme-Exzess“. Es ist noch gar nicht so lange her, da begrüßte man das Fieber als willkommenen Heilungsprozess. Heute vertreibt man es aus Angst oder Fehleinschätzung, wobei sich die Humanmedizin von den heilenden Kräften, die das Fieber begleiten, noch immer entfernt. Mit der Gärung verhält es sich genauso: Man sträubt sich dagegen, dass sie jedes Jahr eine andere Kurve beschreibt, je nach den „Anweisungen“, die von den Trauben kommen. Man nennt es Schadensbegrenzung, ohne zu verstehen, dass es genügt, mit den Pflegemethoden den Trauben die „richtigen Anweisungen“ zu geben, damit in dieser Wärmephase die zusätzlichen Qualitäten des Weins zum Ausdruck kommen können.

## Die Osmose

Es ist ratsam, eigentlich unerlässlich, von der Osmose zu sprechen, angesichts des Ausmaßes, in dem sie angewendet wird. Dabei wird der Wein konzentriert, indem man ihm Wasser entzieht, um Geschmacksanteile hervortreten zu lassen, die die Rebe vorher nicht deutlich ausdrücken konnte. Manche gehen in ihrem Unverstand so weit zu sagen, man entziehe nur das Wasser der letzten Regenfälle, die unerwünscht seien. Man vergisst dabei, dass Regen die Weinlese nur dann stört, wenn der Boden nicht mit chemischen Mineralsalzen übersättigt ist, weil dann die Erde den Regen in ein intaktes mikrobiologisches Leben aufnimmt, und wenn die Wurzeln nicht von schädlichen chemischen Zusätzen daran gehindert wurden, in mehrere Meter Tiefe vorzustoßen. Und selbst wenn in wenigen Tagen bis zu 100 Millimeter Regen gefallen ist, kann man trotzdem noch einen interessanten Wein erhalten, indem man den Weinstock dazu bringt, dieses Wasser wieder auszustoßen, und zwar mit einem biodynamischen Präparat auf Quarzbasis, dem 501. Ein Weinstock, eine Traube aus gesundem Anbau saugt sich nicht mit Wasser voll, sie trinkt mit Bedacht. Es ist einfach undenkbar, dass ein AOC-Wein mit Osmose behandelt wird, und wenn ja, was heute durchaus legal ist, dann müsste das auf dem Etikett stehen: „Weinkonzentrat“, genau wie bei einem Orangensaft aus dem Supermarkt, auf dessen Etikett man lesen kann: „Orangensaft-Konzentrat“. Was nämlich der Käufer für die Erfolge eines besonderen Jahres halten könnte, wo Trockenheit und Sonneneinstrahlung glücklich ineianderspielten, ist manchmal nichts anderes als der Umkehreffekt der Osmose. Dieser kehrt, was man nicht vergessen darf, die elektrische Polung des Weines um, so dass der Pluspol zum Minuspol wird – welche Konsequenzen für die Lagerung hat und was wiederum zu überhöhten Erträgen verleiten mag. Es ist nicht unser Ziel, hier alle Details dieses quasi-industriellen Weinbaus vorzuführen, der manchmal mit sehr kostspieligen Weinen aufwartet und tagtäglich größere Ausmaße annimmt. Da genügt ein geschickt berechneter Druck auf gewisse Vertreter des INAO (Institut National des Appelations d'Origine – Staatl. Prüfstelle für Weinanbau in Frankreich), denen ihre Karrieren wichtiger zu sein scheinen als der Wein. Uns geht es darum, diejenigen, die guten Willens sind – und die gibt es –, darüber aufzuklären, dass all diese Kunstgriffe nur notwendig sind, wenn vorher Anbaufehler gemacht worden sind.

## Der Trend zur Anreicherung mit Sauerstoff

Als letztes Beispiel will ich den Trend zur Sauerstoffanreicherung aufführen. Dieser neue Spleen, der manchen gute Dienste leistet, ersetzt nur die Arbeit, die in einer gesunden Landwirtschaft eigentlich die Blätter für die Trauben erledigen würden; dann wird diese Anwendung unnötig. Im Allgemeinen ziehen alle Fehler, die vor der Ernte gemacht wurden, anschließend ihre Konsequenzen nach sich – das heißt im Weinkeller. Dann braucht man Zentrifugen, um die Synthese-Moleküle wieder auszuschleudern, die man in den Saftlauf hineingezwungen hat, was jedoch auch die Struktur des Weins zerstört. Die Enzyme geben den Nährboden für geschwächte Hefen, die nicht zum Profil des Jahres passen usw. Ich möchte hier nicht den Erzeuger verurteilen, der diesen Weg gewählt hat, sondern ihn darüber informieren, dass es für Frankreich, was technologische Weine angeht, schlicht und einfach keinen Export gibt; zu viele Länder mit billiger Arbeitskraft können genau denselben Geschmack vorweisen, nur vier oder fünf Mal billiger. Wer das heute nicht einsehen will, der sollte sich auf den baldigen Konkurs einstellen. Kein Landstrich wird davon verschont bleiben! Vergessen Sie nicht, dass 2005 der französische Staat 1,5 Millionen Hektoliter unverkauften Wein destillieren musste. Obendrein trüben von Tag zu Tag diese und andere Methoden das Bild Frankreichs und seiner Weine für das Ausland, obwohl es eigentlich die weltweite Konkurrenz nicht zu fürchten bräuchte mit seinen vielen verschiedenen klimatischen und geologischen Gegebenheiten und Rebsorten, die sich im Laufe von Tausenden von Jahren an seine Weinberge angepasst haben. Ich will damit nicht sagen, dass es nur in Frankreich gute Weine gibt, sondern dass Frankreich ein Weinbaupotenzial besitzt, um das es viele beneiden.

## Schlussfolgerung

Zum Glück gibt es auch eine andere Weinbaubewegung, zwar noch ziemlich unorganisiert, die immer klarer erkennt, in welche Fallen man sie tappen lassen wollte. Sie kommt auf die ehrlichen Weine zurück, für die das Wort „Terroir“, das heute schon anrüchig klingt, nach und nach wieder Bedeutung gewinnt. Im Endeffekt hat man mit der Duldung so vieler Kunstgriffe, und damit ihrem Überhandnehmen, im Gegenzug einen Freiraum für diejenigen geschaffen, die sich in der anderen Richtung engagieren wollen. Die Käufer sind inzwischen auch weniger gutgläubig und entdecken allmählich die Wahrheit, die man bis jetzt vor ihnen verborgen gehalten hat.
Lohnt es sich wirklich, bei Veilchenduft im Wein in Ekstase zu geraten oder wegen seines Geschmacks, von dem man weiß, dass er in Form von aromatisierten Hefen erzeugt wurde? Diese Frage muss man sich einmal ganz deutlich stellen!

Um diese Umkehr zum ehrlichen Wein etwas zu beschleunigen, würde es genügen, auf einem zweiten Etikett gesetzlich die Offenlegung aller technologisch gestützten Methoden zu fordern. Zum Beispiel „Weinkonzentrat durch Osmose, parfümiert mit Hefe X für Veilchenduft“. Natürlich wird es das nie geben, zu viele Interessen in den einzelnen Branchen um den Wein stehen auf dem Spiel.

Auf der anderen Seite war es dagegen möglich, eine Gruppe ins Leben zu rufen, die gesetzlich die Echtheit der AOC garantiert. Diese Gruppe gibt es seit vier Jahren; sie hat die strengsten Qualitätsbestimmungen der Welt und setzt sich inzwischen aus hundertvierzig Winzern aus zehn Ländern zusammen. Auf allen Kontinenten wird sie mit viel Erfolg begrüßt. Sie können die Einzelheiten auf der Internetseite der biologisch-dynamischen Wirtschaftsweise finden: www.biodynamy.com

Wer von „ehrlichen“ Weinen reden will, muss natürlich auch sehr präzise Definitionen mittels einem strikten Qualitätskatalogs, in dem alle in Weinberg und Keller verbotenen Maßnahmen aufgelistet sind, geben. Damit unterzieht sich diese Gruppe den strengsten Kontrollen, die zurzeit auf der Welt existieren. So hat der Verbraucher eine gesetzliche Garantie, dass der Winzer seinen Reben, seinem Wein und auch dem Käufer gegenüber eine Verpflichtung eingeht und es nicht nur schöne Worte sind, wie es heute meist üblich ist. Als Nächstes sollte der Wein ein gewisses Niveau an Qualität und Originalität haben. Das Anliegen dieser Gruppe ist es, „mit dem Glas in der Hand“ zu zeigen, dass die einzelnen Rebsorten sich an verschiedenen Orten eben unterschiedlich präsentieren und dass diese Feinheiten, die dem Wein völlig frei von „kosmetischen Operationen“, erst seinen echten Charme verleihen. Ein Wein darf nicht nur einfach bio-dynamisch sein, er muss gut sein und die Eigenart seines Ursprungsortes und der richtig gewählten Rebsorte in sich tragen.

Auf dem Weg zum ehrlichen Wein sind die Stufen des Engagements natürlich sehr verschieden. Der Zeitpunkt der Umstellung auf biologische oder biologisch-dynamische Wirtschaftsweise wird mehr oder weniger Zeit benötigen, und die Resultate werden sehr unterschiedlich sein. „Der Worte gibt es viel, nicht immer folgen Taten.“ Die typische Aussage von Leuten, die sich mit diesem neuen Markt befreunden wollen, ohne die erforderlichen Entscheidungen auch ernsthaft zu treffen, ist: „Ich bin zu 95 % bio oder bio-dyn.“ Ein wenig Nachdenken zeigt sofort, wie lächerlich dieser Satz ist. James Milton, beachtenswerter Winzer mit biologisch-dynamischem Anbau in Neuseeland, drückte es humorvoll so aus: „Kann eine Frau zu 95 % schwanger sein?“ Man hört auch oft: „Ich verwende sehr wenig Chemie, gerade genug, um die Reben vor Krankheit zu schützen“, ohne zu begreifen, dass es genau diese Chemie ist, die mit der Zeit die Krankheit noch forciert.

In diesem Fall spricht man auch von vernünftiger Landwirtschaft, als wäre das wirklich ein Fortschritt, während eigentlich immer noch komplett mit Chemie gearbeitet wird. Dieser erste Schritt ist zwar lobenswert, aber immer noch teuer für den Winzer. Für die Rebe ist es noch lange keine Basis, um ihre Arbeit gut zu machen.

Es ist, als hätten Sie versucht, ein Instrument zu stimmen, und es ist nicht recht gelungen. Dann werden Sie zugeben müssen, dass auch die Musik kein Genuss ist. Wenn ein Winzer sich in diese Richtung bemühen will, sollte er sich zuerst einmal auf einem oder einem halben Hektar mit dem biologischen oder dem biologisch-dynamischen Anbau vertraut machen (das ergibt früher Resultate) und nach zwei oder drei Jahren die Qualität der Ergebnisse beobachten.

Auf jeden Fall setzt sich die Erkenntnis durch, welchen Schaden die Kunstdünger in der konventionellen Landwirtschaft angerichtet haben, was schon ein erster Erfolg ist. Oft fehlt nur das nötige Wissen, um das Auftauchen von Krankheiten zu vermeiden, die hauptsächlich Lücken im allgemeinen Gesundheitszustand anzeigen. Bis jetzt gibt es keine Schule, die eine vollständige Ausbildung anbietet.

Bio heißt heute vor allem ein synthetisches Molekül durch ein natürliches zu ersetzen. Damit bleibt man in einer mechanistischen Vorstellung des Lebens und entdeckt nicht seine weitläufigen Zusammenhänge und deren synergetische Kommunikation.

Wie soll man auf die Schnelle die verheerenden Schäden in der Landwirtschaft der letzten Jahrzehnte wieder gutmachen, deren furchtbare Wirkung auf die menschliche Gesundheit immer mehr auch den Wissenschaftlern ins Auge fällt? Man kann heute nicht einmal mehr behaupten, dass diese Landwirtschaft den Hunger stillt; im Gegenteil, sie schafft ihn, denn viele arme Länder können nicht mehr die steigenden Rechnungen für Kunstdünger bezahlen, der in der Landwirtschaft Anwendung findet.
Sicher wäre es möglich, die Weltbevölkerung gesund und billig zu ernähren. Eine solche Aussage steht völlig außerhalb jeglicher politischer Färbung, denn die Gesetze des Lebens sind an keine Partei gebunden. Wie soll man im Weinbau wieder Leben in die fast abgestorbenen Böden bringen, um weniger unter dem Druck der Krankheiten zu stehen und wieder zu den wohltuenden Anwendungen auf Pflanzenbasis und anderen natürlichen, gesunden Produkten zurückgreifen zu können? Ich sage gesund, denn es gibt sehr wohl auch natürliche, sprich biologische, Gifte, die man auch

nicht verwenden sollte. Wie kann man dem Wein, dem Tee, dem Kaffee, der Schokolade, dem Gemüse wieder den Geschmack seines Standortes zurückgeben? Alle diese Fragen führen uns zur biologisch-dynamischen Wirtschaftsweise.

# Unerlässliche Rückbesinnung auf die Quellen: die Formenlehre

Ehe wir weiter auf diesen neuen Erkenntnispfaden fortschreiten, wollen wir noch eine Weile im Keller bleiben, um die Formen dort zu betrachten. Genau, ich sage Formen, und alles, was sie bedeuten können. Man schätzt die Barrique für ihren Holzgeschmack, aber leider nicht für ihr wichtigstes Merkmal, ihre Form! Die Barrique hat eine Wölbung von 360°, eine Form, die uns an alte Vorzeiten erinnert, an die Zeit, als der Mensch die Hintergründe des Lebens noch besser durchschaute, und damit auch die unterschiedlichen energetischen Wirkungen jeder Form und jedes Ortes, je nach ihren Proportionen, ihrer Substanz usw.

Die Angewohnheit, ein Haus wahllos an irgendeinem Ort zu bauen, mit völlig willkürlichen Formen, ist ziemlich neu in der Menschheitsgeschichte. Ein Haus ist ja auch der Platz, an dem wir schlafen. Und wenn wir schlafen, dann sind wir nicht mehr geschützt von unserem höheren Selbst, unserem „Ich“, das vorübergehend (für die Nacht) unseren Körper verlässt, damit er sich erholen kann. Wir sind also während des Schlafes völlig den Kraftfeldern unterworfen, die von Ort und Haus ausgehen, zum Guten wie zum Schlechten. Wenn man also manchmal in einem Haus nicht einschlafen kann, sollte man sich bewusst machen, dass dies auch ein Schutz unseres Ichs sein kann, um zu verhindern, dass wir Einflüssen ausgeliefert sind, die uns sehr schaden könnten. Und für den Wein ist es genauso: Er braucht in seiner Entwicklung das ganze Spektrum der Lebenskräfte. Niemand hätte früher daran gedacht, dieses Wissen gering zu schätzen. Es hat seine Bedeutung für die Landwirtschaft, für ein besseres Verständnis der biologisch-dynamischen Wirtschaftsweise, für die Entwicklung des Weins und sogar für unser eigenes Wohlbefinden, was inzwischen auch wissenschaftlich bestätigt ist.

## Die Schwerkraft

Schon vor langer Zeit ließen die Römer ein Jahr lang Schafe an dem Ort weiden, an dem sie ein Haus bauen wollten. Dann wurden die Tiere getötet, und man untersuchte deren Leber, ehe man entschied, ob gebaut wurde oder nicht. Wir sollten den Sinn dieses Vorgehens genau überdenken.

Alles Irdische ist, wie wir gesehen haben, hineingestellt inmitten die Gesetze der Erde, ihre Schwere, die uns festhält, und die Sonnenkräfte, die uns entlasten. Man kann es auch wissenschaftlich ausdrücken: Überall auf der Erde gibt es Punkte, die man entweder „Absorptions-" oder „Emissionsorte" nennt. Sie sind auf gravimetrischen Karten eingezeichnet. Die Schwere oder Beschleunigung der Schwerkraft variiert von Ort zu Ort. Wenn man vom Äquator in Richtung der abgeflachten Erdpole geht, nimmt sie kontinuierlich zu. In der Höhe wirkt sie selbstverständlich geringer, in Verwerfungen sehr stark. Sie variiert auch täglich, je nach dem Stand von Sonne und Mond und deren jeweiligem Abstand zur Erde. Von all den Einzelheiten, die wir hier nur anreißen können, ist es zum Beispiel noch wissenswert, dass das Meer keine Ebene ist und dass innerhalb desselben Ozeans das Wasser Täler und Hügel mit bis zu 100 Metern Höhenunterschied bildet. Diese Unterschiede kommen von Kräften, die von überallher verschieden auf das Meer einwirken. In irgendeiner Form findet man sie auf unserem ganzen Planeten; sie hängen mit den unterschiedlichen Bodenarten zusammen, wie diese gefaltet und ausgerichtet sind, mit den Druckverhältnissen und den Gesteinsformationen etc. Für das Verständnis der Lebensgesetze, von denen die Gesundheit der Pflanzenwelt und auch unsere eigene abhängt, ist dies alles von Bedeutung. Wenn man die biologisch-dynamische Wirtschaftsweise praktiziert, eignet man sich dieses Verständnis mit der Zeit an.

Aber die Schwerkraft ist nicht die einzige aktive Kraft auf der Erde, es gibt noch weitere. Die Erde ist überzogen von einem energetischen Gitter, in dem sich verschiedene natürliche Strömungen kreuzen und durchdringen – elektrostatische, magnetische, sogar radioaktive (wie in Prag) – vergleichbar den Adern im menschlichen Körper.
Wenn man sich für die kulinarische Kunst interessiert, für die verschiedenartigen, subtilen Geschmacksnuancen, die man in unserer Nahrung und besonders im Wein findet, hat man beinahe die moralische Verpflichtung, die Geheimnisse dieses energetischen Systems aufzuspüren, das eine solche Vielzahl von Aromen, Geschmacksrichtungen, Farben, Gerüchen und Formen hervorbringt, die in sich auch wieder weit gefächert sind. Unter dieser Voraussetzung wird man ganz anders an den Weinbau herangehen. Natürlich ist dieser Weg anstrengender als derjenige, auf dem man nur Tricks der modernen Technologien anwendet, um den Geschmack eines Nahrungsmittels künstlich zu verstärken, dem man seine ursprüngliche Qualität vorenthalten hat.
Woraus besteht dieses System, und wie funktioniert es?

## Elektro-Tellurismus

Der Begriff „Elektro-Tellurismus" wird oft falsch verstanden. Er drückt aus, dass der Grund für die unterschiedlichen elektrischen Ladungen auf der Erde in der Polarisation liegt, was da heißt: der Inkarnation des Lebens in die Materie. Es gibt keine Materie, die nicht von natürlicher Elektrizität begleitet ist. Die elektrischen Ströme sind sehr schwach, aber überall präsent und für das Leben auf der Erde unentbehrlich. Es gibt keine Zellen ohne Elektrizität. Wenn Sie einen Metalldraht vom Gipfel eines Baumes zu seiner Wurzel spannen, wird der Baum sehr schnell absterben, denn damit zerstören Sie sein Spannungsgefälle. Auf der ganzen Erde gibt es natürliche Elektrizität, die ständig variiert, relativ zur Erde-Sonne-Beziehung und zum ununterbrochen aktiven Sonneneinfluss – in einem geschlossenen System gibt es nur Austausch auf energetischer Ebene. Diese Strömungen durchziehen unterirdisch die ganze Erde (und auch die Atmosphäre oberhalb). Im Krieg hat man sogar mit dem Gedanken gespielt, sie für Kommunikationszwecke zu verwenden. Heutzutage gibt es so genannte „Freie Radikale“, die aus den Lecks von Hochspannungsleitungen, Kraftwerken, TGVs (Hochgeschwindigkeitszügen) etc. entstehen und eben aus unserem ganz alltäglichen Lebensstil. Sie verschmutzen und stören empfindlich die natürliche Organisation der elektrischen Felder, die alles Leben auf der Erde bedingen. Niemand macht sich den Ernst der Lage klar, die diese Verschmutzung für die menschliche Gesundheit bedeutet. Die Natur hat sich auf der Erde gut organisiert; um ihre Ordnung zu durchschauen, die unseren Physikern wohl bekannt ist, muss man das System erkennen, das hinter dieser Ordnung steht.

## Der Magnetismus

Auch der Magnetismus ist eine wesentliche, nicht wegzudenkende Kraft für das Leben auf der Erde. Er richtet unsere Kompassnadeln aus; er tritt im Norden der Erde ein und im Süden wieder aus. Der Magnetismus kann, unter gewissen Bedingungen, Substanzen verändern und sie magnetisch polarisieren; man kann somit von einem „magnetischen Gedächtnis“ eines Ortes sprechen. Der Magnetismus gehört ebenfalls zu den wichtigen Kraftfeldern, die das Gleichgewicht irdischen Lebens beeinflussen, und variiert überall, ähnlich der natürlichen Elektrizität – mit dem er zusammenwirkt – je nach der Beschaffenheit des Untergrunds, den Metallvorkommen, dessen Ausformung usw. Wie für die Schwerkraft gibt es auch für den Magnetismus detaillierte Karten, die seine Verteilung auf dem ganzen Globus dokumentieren (ebenso für die wichtigen seismographischen Wellen). Auch für den Magnetismus gibt es Emissions-, Absorptions- und sogar Inversionszonen, in denen die Nord-/Süd-Ausrichtung im Vergleich zu derjenigen der Erde entgegengesetzt ist.

Der Magnetismus der Erde steht in einem engen Zusammenhang mit dem der Sonne, der regelmäßig alle 11 Jahre eine magnetische Umpolung erfährt; dieser 11-Jahres-Zyklus wird nicht immer ganz verstanden. Ein anderer Zyklus, von 26.000 Jahren, entspricht bei den Hindus dem Einatmen (zentripetale Kräfte) und dem Ausatmen (zentrifugale Kräfte) des Brahma, bei uns dem „Platonischen Jahr“

(25.920 Jahre, das sind zwölfmal 2.160 Jahre), dessen Bedeutung Rudolf Steiner erklärt hat. Diese Zeitspanne braucht die Sonne, um bei Frühlingsanfang einmal vor jeder Himmelskonstellation aufzugehen, was einem Umfang von 360° entspricht.

Die Eruptionen der Sonne rufen auf der Erde die bei Piloten wohlbekannten magnetischen Gewitter hervor, zum Beispiel auf Höhe des Bermuda-Dreiecks, wo auf einmal die Nord-Süd-Orientierung des Kompasses verschwindet. Die Herzkranken können ein Lied singen von der Verbindung unseres Herzens mit den magnetischen Gewittern. Wenn man das magnetische Feld eines Menschen erhöht, während sein elektrisches Feld gleich bleibt, dann ziehen sich seine Herzmuskeln zusammen, während sie sich im umgekehrten Fall ausdehnen. Yves Rocard – nicht Michel, der frühere Minister – sondern sein Vater, Physiker und Mathematiker, hat ein Buch geschrieben (siehe Anhang), in dem er die Wirkungen des Magnetismus auf den Menschen untersucht. (Er unterrichtete an der „École Normale Supérieure" (Elite-Hochschule, an der auch Sartre und andere Philosophen, Mitglieder der „Académie Française", ausgebildet wurden). All diese Details haben zum Ziel zu zeigen, wie alles in unserem Sonnensystem zusammenhängt, wie sich Makrokosmos und Mikrokosmos ununterbrochen gegenseitig durchdringen.

Anscheinend spielt das Zentrum unserer Galaxie auch eine entscheidende Rolle beim Magnetismus der Erde. Die ganzen elektromagnetischen Zusammenhänge könnte man als das Nervensystem der Erde bezeichnen. Keine chemische Reaktion ist ohne Elektromagnetismus möglich. Alles beruht auf der Wanderung der Teilchen einer elektrischen Ladung. Die elektromagnetischen Felder verknüpfen die Bestandteile lebendiger Körper und lassen sie wieder zerfallen. Mit unserer DNA und ihrer Doppelhelix (Rechts-und Linksdrehung gleich dem Uhrzeiger- und gegen den Uhrzeigersinn) haben wir eine Art Antenne für diese elektromagnetischen Felder. Dies sagte Lakovsky schon zu Beginn des 20. Jahrhunderts, lange Zeit, bevor es die Physiker später bestätigt haben. Interessanterweise hat jeder Mensch ganz besondere Eigenheiten in seinem elektromagnetischen Feld, sozusagen ein persönliches energetisches Raster, das manchmal auch „Aura" genannt wird. Mittels der „Kyrlian-Methode“, über die es einige Bücher gibt, ist es gelungen, sie abzubilden. Wichtig ist zu verstehen, dass über diese elektromagnetischen Felder alle lebendigen Organismen ihre Lebenskräfte erhalten und aussenden; diese elektromagnetischen Felder sind im Endeffekt die Vektoren des Lebens auf der Erde. Wenn wir noch einmal Lakovsky zitieren, den Pionier dieser Überlegungen, die inzwischen auch von der Physik anerkannt sind, so sind alle auf der Erde lebenden Organismen wie Resonanzkörper für die Strahlungen des Sonnensystems und sogar des ganzen Universums, von denen sie pausenlos bombardiert werden. Und diese lebendigen Organismen sind nicht nur Empfänger, sondern auch Sender. Auch aus diesem Grund ist das Verschwinden einer Tier- oder Pflanzenart für die Erde eine wahrhaft qualitative Verarmung, vergleichbar dem Schaden an einem Fernsehgerät, das nicht mehr alle Sender empfangen kann. Man könnte auch sagen: Diese Verarmung trifft das Kommunikationsnetz der Erde. Denn die Erde selbst ist ein Sender/Empfänger, so wie alle Planeten.

Dies alles ist längst wissenschaftlich erwiesen; was noch fehlt, ist die Synthese all dieser Entdeckungen. Doch können Sie inzwischen vielleicht besser nachvollziehen, warum man an manchen Orten sehr starke und ungewöhnliche energetische Auffälligkeiten findet. Auf den ersten Blick erscheint es merkwürdig, dass gerade an solchen Orten auch außergewöhnliche architektonische Kunstwerke entstanden sind (Tempel, Kathedralen, Pyramiden) oder noch früher Megalithen, auch diese mit starken energetischen Wirkungen. Diese Phänomene sind heute meist dem Begriff „Geobiologie“ zugeordnet, der Bezug nimmt zur Biologie, also den Lebenszusammenhängen an einem bestimmten geographischen Ort. Manchmal nennt man es auch „sakrale Geographie“, denn einige dieser besonderen Punkte, an denen oft einzigartige Kunstwerke geschaffen wurden, wirken ähnlich wie Akupunktur-Punkte auf die Erde. An solchen Punkten Orte der Meditation oder des Gebets zu schaffen, wie in Chartres oder am Mont St. Michel, Zentren wissenschaftlicher oder künstlerischer Studien oder Theater wie in der Antike. Das erlaubte dem Menschen mitzuwirken an dem komplexen System, das hineinreicht in alles Leben auf der Erde, ob er es nun ausdrückte mit seiner spirituellen Suche, mit dem Grad seiner Erkenntnis, mit seinen Liedern oder seinen religiösen

Ritualen etc. In solchen Momenten trägt der Mensch die Erde genauso wie sie ihn. Dies alles war früher unausgesprochen hinter der Architektur verborgen.

Und um wahrhaft, den Weinbau in einem tieferen Sinne zu verstehen, die Arbeit, die die Rebe leistet und auch das wirkliche Anliegen der AOC, muss man diese energetischen Zusammenhänge durchschauen. Eine AOC, mit ihren Geschmacksakzenten und ihrer Originalität, ist schlussendlich nur das sichtbare Ergebnis davon, dass all diese Faktoren energetisch verflochten sind, ehe sie auf der materiellen Ebene geschmackliche Besonderheiten hervorbringen. Um bis zur physisch voll ausgebildeten Gestalt zu kommen, braucht es Millionen, wenn nicht Milliarden unablässiger Mutationen der Atome und Zellen einer Pflanze, eines Tiers oder eines Menschen, die sich aus Affinität oder, im Gegenteil, aus Antipathie in dem einen oder anderen Sinne anordnen. Wenn wir die unzähligen Metamorphosen in der Embryologie betrachten, die sich vom Fötus bis zum lebensfähigen Körper vollziehen, können wir kaum unberührt bleiben angesichts eines Systems, das zwar unsichtbar ist, aber umso aktiver wirkt. In dieser Genese ruhen ungeahnte therapeutische Geheimnisse, da jedes Organ in einer Art Speicher die „Begegnungen“ bewahrt, die es im Laufe seiner Entwicklung gemacht hat, etwa so wie unsere Erinnerung an Nachbarn oder Freunde aus der Kindheit. Manche Heilmethoden – darunter auch die anthroposophische Medizin – greifen auf diese Beziehungen zurück. In den Gesetzen, die diese Entwicklungen steuern, liegen die Antworten auf die letzten Fragen. Sich nicht mit den Hintergründen des Lebens zu befassen und sich ausschließlich mit dem Studium seiner physischen Aspekte zufrieden zu geben, bis hin zum unendlich Kleinen, ist genau so absurd, als wollte man sich bei der Betrachtung eines Kunstwerks auf die Sicht durchs Mikroskop beschränken.

Die keltische Kunst zeigt uns, wie stark das Zusammenwirken all dieser Energien, mit oft gegensätzlichen Polaritäten, in der Vergangenheit empfunden wurde. Dies ist der Inhalt des außergewöhnlichen Book of Kells in Dublin, das man nicht einfach auf seine Bedeutung als Kunstwerk reduzieren kann. Was man da sieht, sind auf jeden Fall Abbildungen der Kräfte, die das Leben in die Welt

*Bild VI: Ausschnitt aus dem Book of Kells, Dublin: Das Formenzeichnen, R. Kutzli.*

bringen, ineinander verschlungen, sichtbar ausgebreitet vor unseren Augen. Es zeigt die Dynamik des Lebens, seine energetische Spur. Mit dem Buch von Rudolf Kutzli, Das Formenzeichnen (siehe Anhang), kann man noch weiter gehen und die Metamorphosen einer Form zur nächsten auch erleben. Das erlaubt auch ein besseres Verständnis der zentripetalen und zentrifugalen Kräfte, die sich der Materie nähern und sich wieder von ihr entfernen, woraus alle uns umgebenden Formen entspringen.

Auf den Kreuzungspunkten dieser Strömungen, für die unsere Vorfahren noch sensibilisiert waren, baute man also die Kathedralen, die Festungen, die Klöster und manchmal auch die Weinkellereien, indem man sich jene energetischen Wirkungen zunutze machte und sie „veredelte“.

## Die irdischen Kräfte veredeln: das Wissen der Bauleute

Wie ging diese Veredelung vor sich?
Diese Frage betrifft eigentlich sämtliche Wissensgebiete.

Wie soll man den makrokosmischen Energiewelten Zugang verschaffen zur materiellen Welt, in die sie gestaltend und ordnend – im Sinne von Ordnung schaffend – eingreifen? Wie kann man die Anwesenheit von Lebenskräften an einem Ort verstärken? Diese Schlüsselfrage scheint die zeitgenössische Architektur, die sich allzuoft in den Schlingen des Intellekts verfängt, vergessen zu haben. In der Vorgehensweise unserer Vorfahren liegt ein wunderbares intuitives Wissen verborgen, das für uns des wissenschaftlichen Beweises bedarf. Diejenigen, die daran arbeiten, versuchen mit viel Geduld, dieses Wissen wiedererstehen zu lassen, verbunden mit den entsprechenden Messungen.

## Die Verbindung mit den Ursprungskräften

Diese Zusammenhänge müssen wir unbedingt noch konkreter erfassen, zumindest die grundlegenden Prinzipien, um die edlen Kräfte genau zu beschreiben, mit denen man in der biologisch-dynamischen Wirtschaftsweise zu tun hat, sie dort aber auf andere Weise intensiviert. Was inzwischen wohl verständlicher wurde, ist, dass das Leben hauptsächlich aus Kräften besteht.

Wie wandte man sich früher an diese höhere Instanz, in der die verschiedensten Kräfte friedlich vereint sind? Wie lenkte man ihren Abstieg und ihre Anwesenheit an einen bestimmten Ort? Im Grunde sind es dieselben Fragen, die sich der Winzer im biologisch-dynamischen Anbau stellt, während er versucht, seine Reben so weit zu bringen, dass sie die Eigenarten seiner Parzellen, des dortigen Bodens und Klimas, klar erkenntlich artikulieren.

*Dieses Selbstverständnis wird der Arbeit des Landwirts wieder seine Würde verleihen.*

*Die Zahl 3:* Der Klee, Kräfte des Tetraeders.

*Die Zahl 5:* Das Blatt des Hahnenfusßes, Kräfte des Fünfecks.

*Die Zahl 4:* Die Hortensie, Kräfte des Würfels.

Die Zahl 6: Die Iris, Kräfte des Sechsecks oder von zwei umgekehrten gleichseitigen Dreiecken.

In der Architektur beginnt alles mit dem Kreis oder mit konzentrischen Kreisen, wobei einer aus dem anderen entsteht. Man sieht es deutlich, wenn man einen Stein ins Wasser wirft. Diese Kreise haben alle dasselbe Zentrum, nämlich den Punkt.

Damit kommen wir zu einer Frage, die oft unterschätzt oder mit dem kühlen Intellekt behandelt wird, der unseren Kindern so schadet: Was ist der Punkt? Euklid gab folgende wunderbare Definition: „Der Punkt ist die Ganzheit, deren Teile gleich null sind." Genau, man muss das Geniale dieser Antwort und deren Bedeutung durchschauen. Der Punkt hat noch keine Oberfläche, er hat sozusagen noch nicht den Raum erobert, er ist erst das Symbol oder der Entwurf einer Geburt in der materiellen oder physischen Welt, die uns umgibt. Der Punkt symbolisiert den Übergang von der energetischen in die physische Welt, den jedes Teilchen der Materie passieren muss. Durch dieses Nadelöhr muss jede Kraft oder Energie hindurch auf dem Weg zur Materie, in der andere Gesetze gelten. An dieser Stelle berühren sich die beiden Kreise der Zahl 8 oder der Lemniskate und *kehren sich um*.

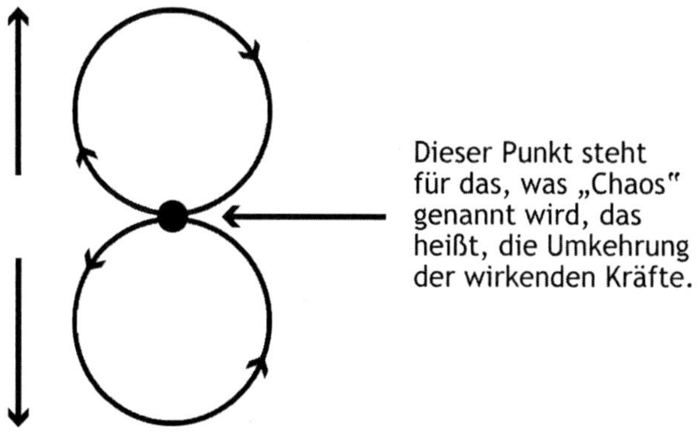


*Bild VII: Die „8" und ihre Erklärung.*

Das hilft uns vielleicht, die Physiker besser zu verstehen, wenn sie von der Leere reden, die keine Leere ist, sondern angefüllt von etwas anderem. Das ist auch der verborgene Sinn der liegenden Acht, die, berechtigterweise, das Unendliche darstellt. Die aktive, energetische, sehr strukturierte Seite verbindet ihre Lebenskräfte oder ihre Dynamik mit der Erde. Der Punkt stellt genau den *Moment* dar, in dem diese Kräfte die physische Ebene erreichen. Dies muss man genau verstehen, denn es ist keine Lehrmeinung mehr, dass das Lebendige *nicht* von der Erde kommt. Das Leben kommt

aus dem Universum, aus unseren Sonnen- und Sternensystemen, ohne die wir alle Kadaver wären. Dieses energetische Wissen wird in unserer Zeit auf dem wissenschaftlichen Sektor vollkommen unterdrückt, möglicherweise aus dogmatischen Gründen, aus Unverstand oder für lukrative Zwecke, um weiterhin rentablen Beistand anbieten zu können. Man kann nicht die Ursache einer Unordnung beheben, ohne auch ein System zu untersuchen, das Ordnung schafft.
Jede Krankheit, bei Pflanze, Tier oder Mensch, hat als einzige Ursache einen Mangel an Ordnung! Nur die Untersuchung eines Systems, in dem Zusammenhänge entstehen, kann uns zur Ursache einer Störung führen. Und trotzdem wurden in Frankreich, und vor allem in Frankreich, viele große Ärzte, die ihrer Zeit weit voraus waren, aus der Ärzteliste gestrichen, weil sie es gewagt hatten, die materielle Ebene zu verlassen. Weder die Weisheit des Hippokratischen Eids noch die Doppelspirale um den Merkurstab, die immer noch als Symbol der Heilberufe gilt, werden heute annähernd verstanden. Dieselben Symptome verbreiten sich im landwirtschaftlichen Sektor. Claude Bourguignon, ein verdienter Agraringenieur, musste die Donnerwetter der INRA (Staatliches Agrarforschungsinstitut), über sich ergehen lassen, in dem er immerhin Mitglied war, weil er gewagt hatte, die Wahrheit zu sagen. (Siehe sein Buch: *„Boden, Erde und Felder“*, erschienen bei „Sang de la Terre“). Genau wie Jean-Pierre Berlan, auch er Agraringenieur und INRA-Mitglied, der immer wieder auf der „Abschussliste“ stand, weil er es wagte, die immensen versteckten Risiken der Genmanipulation anzuprangern, da sie die energetischen Barrieren (oder Vorbilder bzw. Kräfte) durchbricht, die das Leben auf der Erde steuern.
Soviel Irrtümer und Kosten in astronomischer Höhe hätte man vermeiden können, ohne den furchtbaren, gut organisierten Zugriff wirtschaftlicher Interessen auf die Ordnungen des Lebens. Glücklicherweise zeigt sich nach und nach, bei Physikern, Astrophysikern, bei Ärzten und den Forschern des CNRS (Staatliches Forschungsinstitut in Frankreich) ein neues Wissen, das sich auf den energetischen Hintergrund beruft, aus dem das Leben entsteht. Wenn man diesem Wissen eine Entwicklungschance gibt, könnte es den immensen Problemen der Welt abhelfen, sowohl in der Medizin wie auch in der Landwirtschaft oder der Lehre und sogar im Sozialen, das ja nur ein Resultat der drei ersten Gebiete ist.

Kommen wir noch einmal auf Euklid zurück. Jetzt, nachdem wir den „Punkt“ verstanden haben, können wir die Linie erscheinen lassen, die aus einer Folge von Punkten besteht; dann kämen die Gerade und die Ebenen, die den Raum bilden. Vom einfachen Strich sagt Euklid Folgendes:
„Eine Linie ist eine Länge ohne Breite“, wie, um noch einmal die Beteiligung der anderen Polarität, des „Nicht-Raumes“, zu unterstreichen, die Sie vielleicht inzwischen anfangen zu erahnen. Es stimmt, die Linie ist nur eine Folge von Punkten, ein ganz diskreter Einstieg in die materielle Welt, da sie ja noch nicht in die Breite geht! Das zeigt uns, wie viel tiefer das Empfinden jener Zeit war, verglichen dem unseren. Dann, nach der Gerade, können wir den Umkreis, den Kreis und seine Ableitungen entstehen lassen, im Besonderen die wunderbaren *platonischen Vielecke*, die fünf „Platonischen Körper“, die heute fast vergessen sind. Zu ihnen gehören der Tetraeder (4 Seiten), der Hexaeder oder Würfel (6 Seiten), der Oktaeder (8 Seiten), der Dodekaeder (12 Seiten) und der Ikosaeder (20 Seiten). Rudolf Steiner hatte Henry Spinder ihr Studium anvertraut. Von diesen festen Körpern kann man das doppelte Viereck ableiten (das Achteck), das doppelte Fünfeck (das Zehneck) usw.

Warum sind sie so wichtig, sogar wesentlich? Jede lebendige Schöpfung hat *drei Dimensionen, die aus der Kombination dieser fünf Grundformen entstehen.* Wie unsere Historiker berichten, wusste man das lange Zeit vor Platon, zu einer Zeit also, in der noch die Empfindung anstelle unserer kostspieligen wissenschaftlichen Apparate stand. Wir werden also im Bereich des Lebendigen um uns immer wieder eine *geometrische Ordnung finden, die die Formen schafft.* Dort werden wir dem Dreieck begegnen, dem Viereck, dem Fünfeck, dem Sechseck und ihren Vielfachen oder Überschneidungen.

Auf diesen Überschneidungsebenen „kristallisieren“ die irdischen Kräfte jene Atome, die für uns in der Materie sichtbar werden, oder, anders gesagt, lassen sie in die Materie „gerinnen“. An dieser Stelle treten die zentripetalen Kräfte in Aktion. Je nach dem „Rhythmus“, der die Eckpunkte dieser platonischen Formen verbindet, erhält man eine einfache oder eine Sternform.

*Bild VIII: Die fünf platonischen Körper.*

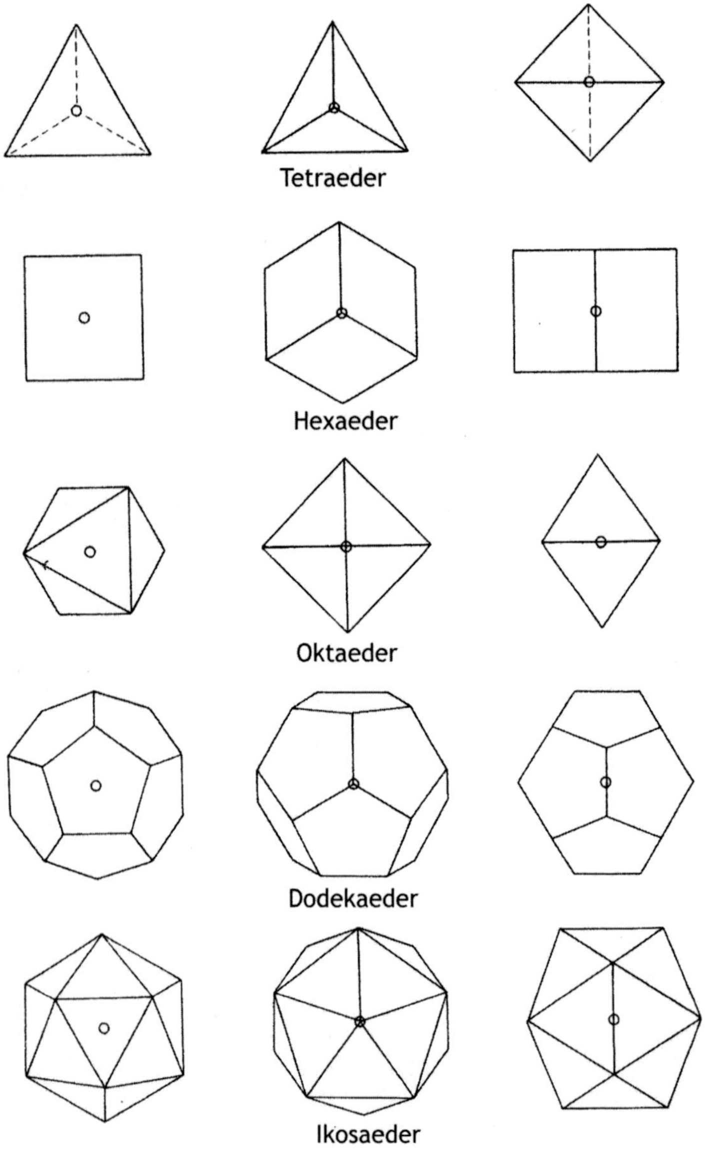

Das Leben entsteht aus ständiger Bewegung, Atomverbindungen, Zellteilungen. Überall, bis ins unendlich Kleine, findet man fünfckige, sechseckige, viereckige Raster.

Mit jedem platonischen Körper verbindet sich eine Planetenqualität: diejenige des Saturn mit dem Würfel, Jupiter mit dem Tetraeder, Mars mit dem Dodekaeder, Venus mit dem Ikosaeder, und Merkur mit dem Oktaeder. Im Anhang sind einige Bücher aufgeführt, die sich eingehender mit diesen komplexen Zusammenhängen auseinandersetzen, ihrem massiven Einfluss auf die Organisation des irdischen Lebens, aber auch mit den Metamorphosen von einer Gestalt zur nächsten, wofür die Embryologie das beste Beispiel liefert. Sie sind die *zentralen Lebenskräfte,* wie eine geometrische Zusammenfassung. Diese Formen stellen sich wie Antennen auf die Gestaltungskräfte des Lebens ein, um mit ihnen Verbindung aufzunehmen. Die großen Meister, wie Agrippa, Leonardo da Vinci und viele andere, zeigen uns, in welcher Beziehung der Mensch zu ihnen steht.

Auf ihren Zeichnungen zeigen uns diese Verfasser aus klassischer Zeit den physischen Körper des Menschen als Resultante (gem. Duden: Ergebnisvektor von verschieden gerichteten Bewegungs- oder Kraftvektoren) der Planeten- und Sternenkräfte, hineingestellt zwischen Linien und Winkel, die jeden Körperteil berühren. Jeder Winkel, jede Ebene, jede Proportion verweist auf jeweils andere Kräftewirkungen. Aus der Summe dieser weit gefächerten Beziehungen entsteht die wunderbare *Architektur* des menschlichen Körpers.

Mit ein wenig Aufmerksamkeit können wir überall in unserem Umkreis diese Kräftewirkungen von Fünfeck, Sechseck, Viereck und Dreieck entdecken, in den Formen von Blättern und Blüten, von Gestein, im Inneren von Früchten etc. Wir sind umgeben von diesem System und *erkennen es nicht mehr.* Wir müssen konkret begreifen, dass es unablässig um uns und in uns wirkt, bis hinein in die Organisation unserer Atome, unserer Zellen, unserer Moleküle. Und selbst wird es beeinflusst von Temperatur, Druckverhältnissen, Lichteinstrahlung, Elektromagnetismus. Der Mikrokosmos Erde ist nur ein Kontraktionspunkt des Makrokosmos. Dieses Wissen finden

*Bild IX: Der Mensch in einem Dodekaeder oder Fünfstern, umgeben von einem Kreis, einem doppelten Viereck usw. Die drei Skizzen zeigen uns den Menschen, hineingestellt in die platonischen Körper.*

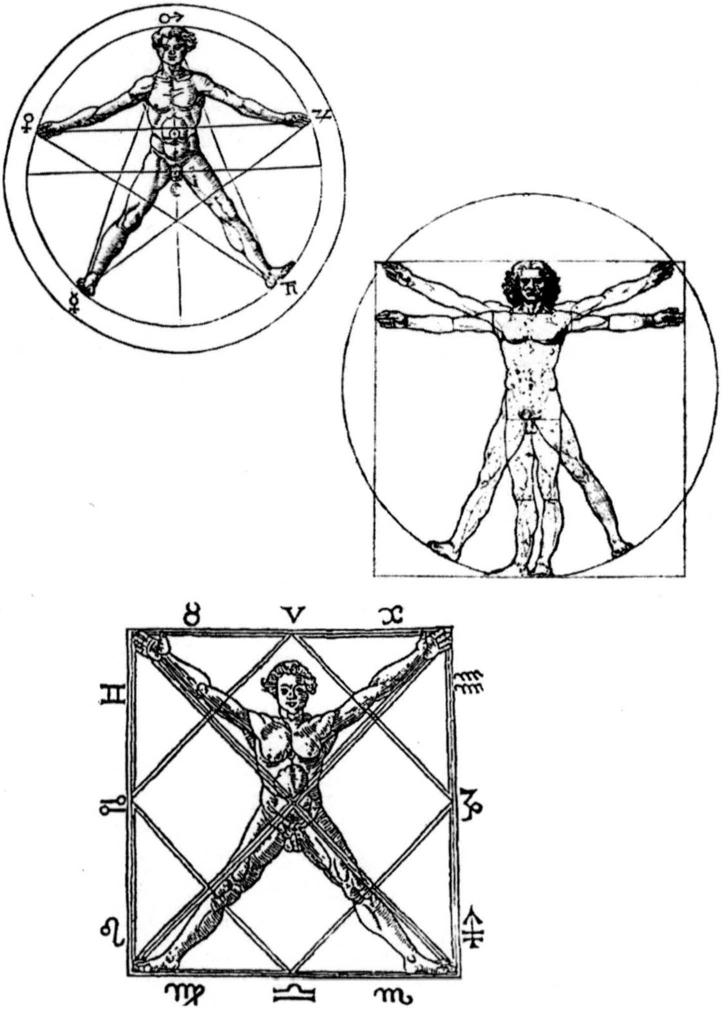

*Quelle: Marcus Vipsanius Agrippa; Leonardo da Vinci*

wir in allen großen Zivilisationen der Vergangenheit. *Die Materie ist nicht existent. Sie ist im Grunde nur Energie, durch die Schwerkraft konzentriert und vom Elektromagnetismus zusammengehalten.* Etwas poetischer könnte man sagen, die Materie ist ein Wintermantel, den man nur braucht, wenn die Gesetze der Schwerkraft stärker sind als die der Sonne. Und doch versucht man uns heute einzureden, dass die Gene – gehorsame Diener dieser Kräfte – der Ursprung dieses Systems seien, welches Leben schafft. Wieder einmal, und dieses Mal wahrscheinlich noch sehr viel gewinnbringender, will man die Ursachen übergehen und ohne Aufwand die Symptome eines gestörten Gleichgewichts verschieben.

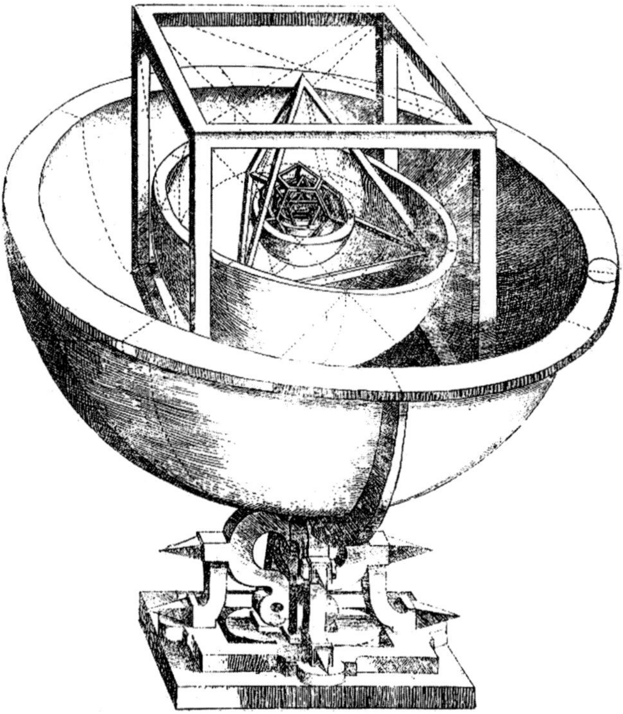

*Bild Xa: Die Platonischen Körper*

*Bild Xb: Skizze der platonischen Körper, ihrer polaren Gebilde und ihrer Sternformen.*

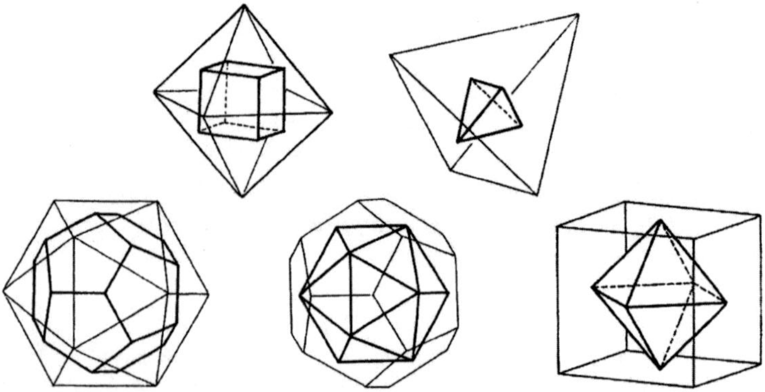

*Quelle: Platonische und Archimedische Körper, ihre Sternformen und polaren Gebilde; Verlag freies Geistesleben, Stuttgart.*

*Bild XI: Der Mensch in einem Dodekaeder.*
*(nach einer Illustration von Marcus V. Agrippa)*

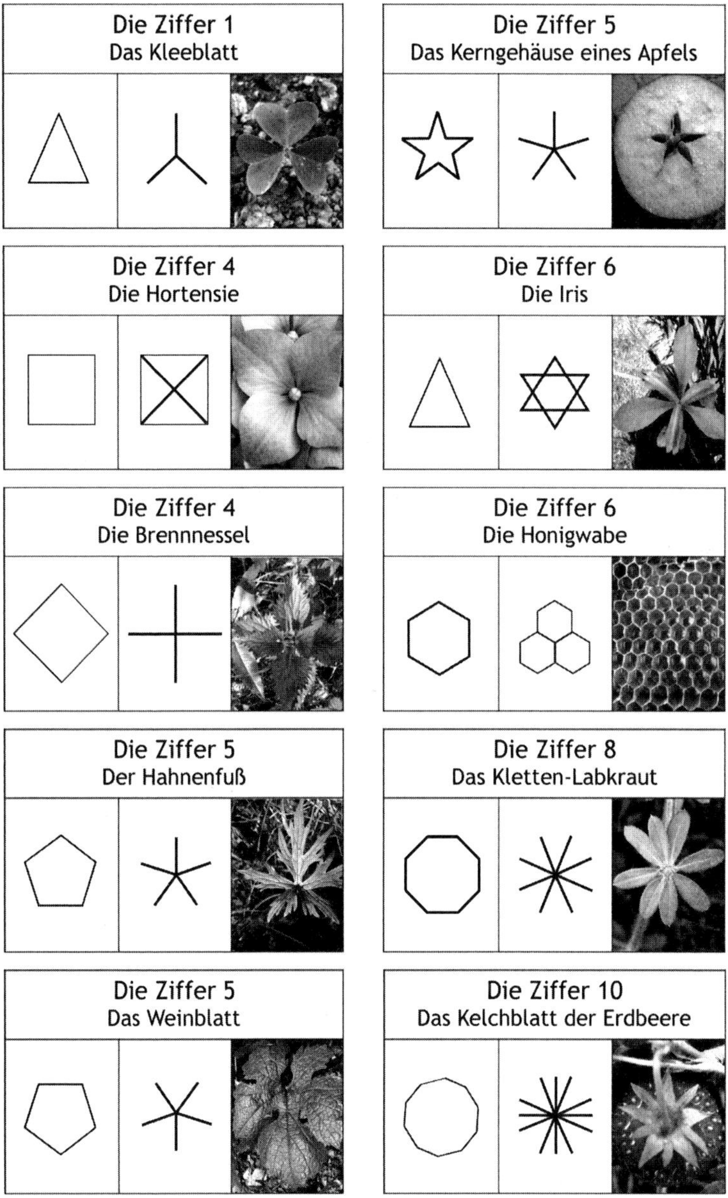


*Bild XII: Blätter- und Blütenformen.*

*Bild XIII: Metamorphosen der ineinanderliegenden Formen.*

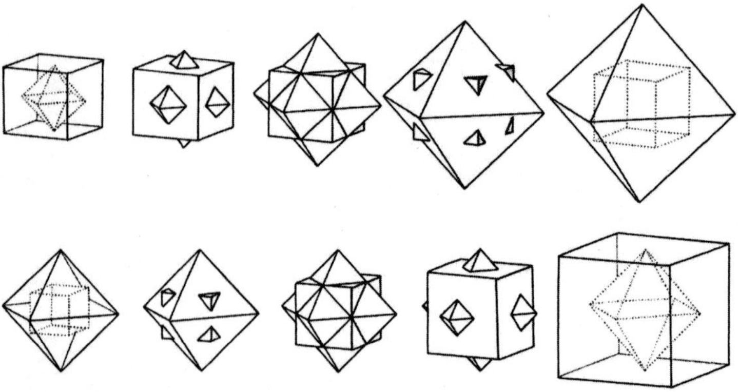

*Quelle: Platonische und Archimedische Körper, ihre Sternformen und polaren Gebilde; Verlag Freies Geistesleben, Stuttgart.*

Die Weisheit dieser Zusammenhänge ist auch in der Form mancher Musikinstrumente verborgen, zum Beispiel der Geige, die mit ihren ausgewogenen Proportionen wie „eingestimmt" ist auf ebendiese Ursprungskräfte. Dadurch bietet sie einen idealen Resonanzkörper für einen Bereich, der ja rein aus Schwingung besteht. Eigentlich *schafft der Ton die Form*; er gibt zum Beispiel Eisenspänen auf einem Blatt Papier bestimmte Konturen. Alle vergangenen Zivilisationen wussten das. Aber auch umgekehrt *ruft die Form einen bestimmten Ton hervor*; die Musikinstrumente zeigen es uns ständig. Alles auf der Erde ist Aktion und Reaktion, genau wie im Universum. Man könnte es etwas wissenschaftlicher ausdrücken und sagen, dass ein Instrument mit den richtigen Proportionen bei der Übertragung von Schallwellen eine bessere Kohärenz (Zusammenhang) gewährleistet. Die Form hat einen Einfluss auf die Schallwellen, genau wie die Metalle: Man hört einer Trompete an, ob sie aus Kupfer oder Silber ist, die Musiker wissen das.

Nun können wir diese Erkenntnisse auch auf die zahlreichen Formen in unserer Umgebung anwenden, die man sonst nicht durchschaut. Die Form unserer Möbel zum Beispiel, wie gewisse Betten mit Baldachin, deren exakte Ausführung einen gesunden Schlaf „garantierte". So können wir auch den Hintergrund der vielen

Schutzsiegel erklären, auch „Talisman" genannt, deren vielfältige geometrische Formen eine Verbindung zu den entsprechenden energetischen Kräften schufen. Die Grundlage all dessen ist eine *energetische Wissenschaft (Energielehre).*

Allerdings kennt auch der Sektor der Reklame sehr genau die geheime Wirkung der äußeren Form auf unser Inneres und bedient sich dieses Wissens, um bei uns Kaufreflexe wachzurufen.

Deshalb ist es so wichtig für jegliche Kultur, ob Wein, Landwirtschaft oder Schöngeist, eine bewusste Beziehung zu Einflüssen aufzubauen, auf die man uns in unserer Erziehung nicht aufmerksam gemacht hat. Eine ernstzunehmende Konsequenz dieser „Unterlassungssünde" ist, dass man heutzutage nur noch von Materie spricht und überhaupt nicht mehr von der spezifischen Energie, die sie in sich birgt. Wenn man eine Form betrachtet, sollte man eigentlich auch immer ihren Gegenpol berücksichtigen, das heißt ihren Umkreis. Nicht das Zeichen oder die Form selbst hinterlassen den Eindruck, sondern die Matrix, auf die sie sich beziehen. Dies wird besser verständlich am Beispiel der Vorlagen gotischer Siegel, die immer *nur einen Teil* des vollständigen Bildes wiedergaben.

*Diese Skizze zeigt, dass man in der Vergangenheit die Formzusammenhänge des menschlichen Körpers kannte und dieses Wissen auch anwendete.*

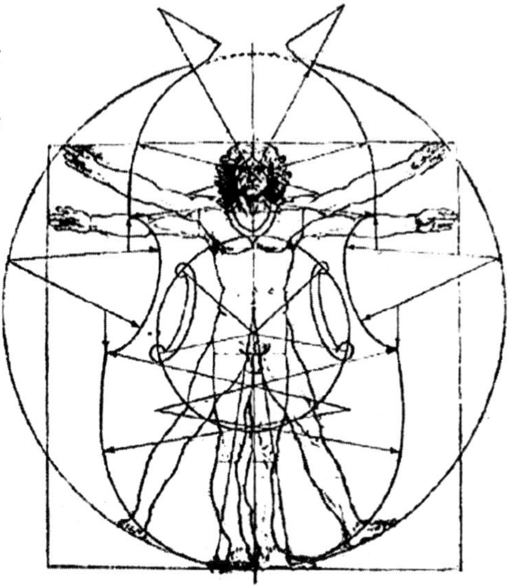

*Bild XIVa: Geige und gotisches Siegel.*

*Bild XIVb: Diese Skizzen von Siegeln zeigen uns, dass die Zeichnung, die für einen Ring oder einen Anhänger ausgewählt wurde (hier stark umrandet), nur entstanden ist als Auszug aus einer zusammenhängenden geometrischen Figur, mit präzisen Winkeln, Zahlenverhältnissen, Proportionen und Formen.*

*Quelle: Kevin Coates, Geometry, Proportion and the Art Lutherie, Oxford University Press.*

Aber Vorsicht: Wir dürfen nicht einfach die Vergangenheit wiederholen oder ihren Zeitablauf anhalten, denn im Universum entwickelt sich alles weiter; *auch die Kräfte, die auf der Erde wirken, verändern sich ununterbrochen.*
Nichts ist beständig! Aus diesem Gedanken resultiert die Evolution. Der heutige Mensch ist zum Beispiel nicht mehr für die Pyramiden gemacht – so bewunderungswürdig sie sind –, denn er ist nicht mehr derselbe Mensch wie in früheren Zeiten.

Zum Abschluss wollen wir kurz aufzeigen, dass noch so manches für das Verständnis der platonischen Formen zu beachten ist: Dazu muss man sich vor Augen führen, dass die Erde im Sonnensystem zwischen den äußeren Planeten Mars, Jupiter, Saturn ihre Position hat – deren Jahr länger ist als das unsere – und die inneren Planeten Venus und Merkur, deren Jahr kürzer ist. Damit die platonischen Formen energetisch wirksam sein können, müssen sie ineinandergepasst sein wie russische Puppen. Dann kann ihr harmonisiertes energetisches Potenzial alle menschlichen Leiden heilen, eine Heilung von Grund auf, in diesem Fall.

Alle großartigen Bauwerke der Architektur des Altertums *auf der ganzen Erde* tragen die Spuren dieses grandiosen Wissens, das niemand unberührt lässt, der um Erkenntnis ringt.

Auch die Konstruktion des Goetheanums, errichtet von Rudolf Steiner Anfang des 20. Jahrhunderts, wiederaufgebaut in Beton nach seinem Brand, ist abgeleitet von Kreisen und dem Fünfeck, von polaren Kräften und einer starken, harmonisierenden Mitte. Man darf nicht vergessen, dass je größer die widerstreitenden Kräfte sind, als desto heilsamer sich die Wirkungen ihres Ausgleichs erweisen.

Rudolf Steiner hat der Architektur der Vergangenheit ein wichtiges Element hinzugefügt, und zwar den Begriff der „Metamorphose der Formen“ oder den Übergang von einer Form in die andere, was Kunst und Wissenschaft verbindet. Er hat damit eine Art „architektonische Embryologie“, eine organische, lebendige Baukunst, geschaffen, die eine innere Beteiligung des Betrachters voraussetzt. Man verbindet sich zuerst über das Fühlen mit einer Form, die man in sich aufnimmt; man bemüht sich, „die Form zu sein“, ein „Sein“, aus dem heraus man die Wandlung erleben kann, wenn man zum nächsten Raum weitergeht. Es ist etwa dasselbe, was mit einem Samen geschieht, bis er, nach verschiedenen Mutationen, eine physisch ausgereifte Pflanze geworden ist. Wir sind hier Zeuge eines wichtigen Entwicklungsschrittes in der Architektur.

Jetzt verstehen wir vielleicht besser, dass jede Einzelheit dieser Kunstwerke der Vergangenheit präzisen geometrischen Regeln entspricht und nichts dem Zufall überlassen wurde. Man befindet sich inmitten eines ständigen Kräfte- und Gegenkräftevergleichs, zwischen Druck und Gegendruck, die im ganzen Sonnensystem und dem Universum gegenwärtig sind, wo Schwere und Anziehung in dauerndem Widerstreit liegen. In all diesen Konstruktionen sind die Pfeiler im Endeffekt Orte, an denen diese zwei entgegengesetzten Kräfte sich begegnen. Man kann auch so sagen: Dort verbinden sich das Irdische und das Kosmische miteinander oder gehen ineinander über.

Dieses Wissen ist schon gegenwärtig in Dolmen und Menhiren. Es wird deutlicher in der gotischen Kunst, wenn man einfach nur auf die Wahl der Skulpturen zu Füßen jedes Kapitells achtet, während man an ihnen entlang zum Zentrum einer Kirche geht. Das sind nicht, wie man oft meint, symbolische Dekorationen, sondern es ist damit gelungen, die Wandlung der Kräfte konkret abzubilden.

Was könnte man heute noch damit erreichen? Dies sind nur bruchstückhafte, vereinfachte Erklärungen eines ungeheuer tiefen Wissens, das auf dem Gesetz der Zahlen, Proportionen und ihres planetarischen und stellaren Ursprungs beruht. Wir wollen hier nur zeigen, wie die große sakrale Baukunst der Vergangenheit es verstand, makrokosmische Kräfte zu erfassen, mit ihnen umzugehen, sie zu bündeln und sie schließlich in einen bestimmten physischen Raum herabkommen zu lassen. Zu jener Zeit wollte man mit dem Terminus „Religion", der vom Verb „religare = wieder verbinden" kommt, ausdrücken, dass man den Menschen an Orte brachte, die ihn sozusagen durch ein „besonderes energetisches Bad" schleusten, und die beabsichtigte Wirkung darin bestand, dass er sich weniger vereinzelt und weniger getrennt von der Welt fühlte.

Alle diese Orte haben ihre energetischen Besonderheiten und rufen *qualitativ* verschiedene Stimmungen hervor, ob in Tempeln in Birma, Laos, Ägypten oder Indien, in Kathedralen wie Chartres in Frankreich, im Dom von Naumburg in Deutschland oder in Kirchen keltischen Ursprungs (z. B. in der Bretagne). Es handelt sich um echtes energetisches Wissen, das jeder nachempfinden kann. Man kann auf andere Weise zu einem ähnlichen Ergebnis kommen, wenn man in einem Chor singt und die Töne, die ja auch Schwingungen sind, sich zu einer Einheit verbinden.

Die Bände, in denen dieses architektonische Wissen gesammelt wurde, waren somit auch energetisch reichhaltiger als unsere heutigen Physikbücher, die aus funktioneller Willkür entstehen und deren Aussagen ohne irgendwelche tieferen Einsichten sich nicht auf heilsame energetische Kräfte stützen können. Oft genug ist das Gegenteil der Fall, was nur das Defizit unserer Krankenkassen empfindlich verschlimmert; das müssen wir früher oder später einsehen.

## Die harmonischen Gesetze

Diese unumgängliche Einführung zum Verständnis der Kräfte, die in Wirklichkeit hinter der physisch-materiellen Welt wirken, wollen wir beenden, indem wir die Grundlagen der Gesetze der Resonanz und Harmonie betrachten. Sie waren die Träger jener besonderen aufbauenden Kräfte, konnten sie verstärken und bis zu einem bestimmten Ort lenken. Mit einem Begriff aus der heutigen Zeit würde man sagen, dass sie die „Autobahn" waren, auf der man von A nach B kam. Sie erlauben dem Menschen, sich manchmal ein Stück aus der Knechtschaft der Individualität zu lösen. Beobachten Sie, wie uns manche Musikstücke beruhigen, verfolgen Sie ihren sogar wissenschaftlich anerkannten Einfluss auf unsere Gesundheit oder das Pflanzenwachstum. Auch dabei handelt es sich nur um eine Einstimmung auf die Gestaltungs- und Formkräfte.

Ein konkretes Beispiel: Nehmen sie zwei identische Stimmgabeln, zumindest mit denselben Proportionen, und schlagen sie die eine an. Die andere wird, auch aus einer Entfernung von über zehn Metern, mit demselben Ton erklingen. Eine einzige Stimmgabel kann 1.000, 100.000, 10 Millionen andere erklingen lassen. Dahinter stehen wissenschaftlich erwiesene Gesetze mit immenser Wirkungskraft, die auch sehr gefährlich werden können, wenn man sie missbraucht, was in unserer unvernünftigen Gesellschaft durchaus möglich erscheint.

Es braucht fundiertes Wissen, um mit Energien richtig umgehen zu können, denn es geht um Leben und Tod. Das hat uns die Atombombe gezeigt.

Heute gibt es eine Energieforschung, im Rahmen der geheimen Abwehr, die möglicherweise auf eine Kontrolle des Wetters, der Regenfälle und der Wolkendecke eines Landes hinausläuft. Mehrere Länder besitzen diese Waffen; vor kurzem gab es einen Bericht über Revolver mit Schallwellen (akustische Waffen), die zur Ausstattung der Polizei in den (Pariser) Vororten gehört. Man kann sogar in den Rathäusern eine Karte einsehen, auf der die Zonen in den Gemeinden verzeichnet sind, in denen Schallwellen angewendet werden. Dabei handelt es sich um Korridore von 30 bis 100 Metern Länge, von denen der Großteil zur Armee gehört. Ihre Frequenzen (siehe Anhang) und wer sie anwendet werden nie bekannt gegeben (außer denjenigen, die für das Fernsehen reserviert sind). Diese Themen sind offiziell von der politischen Diskussion ausgeschlossen.

Das heißt, die von den Tönen gebildeten Harmonien können einen Ort auf eine andere Schwingungsquelle einstimmen, die man natürlich erkennen muss. Man kann also archetypische Kräfte an einem anderen Ort erklingen lassen als dort, wo sie erzeugt wurden. Dafür muss man bestimmte Winkel, Ebenen, Proportionen und vieles andere wiedergeben, das die Fixstern- und Planetensphären bezeichnet, von denen sie ausgesandt wurden. Damit ist nicht gemeint, die Mikro-Frequenzen eines Ortes aufzunehmen und woanders wieder abzuspielen, wie man es zum Beispiel in Chartres macht. In diesem Fall hätte man nur eine Kopie, ein Duplikat, ohne therapeutischen Wert. In früheren Zeiten konnte man anders damit umgehen.

Nehmen wir unseren „Meter“, unsere Maßeinheit. Lange Zeit basierte er auf dem Meridian der Erde. Das bedeutete den zehnmillionsten Teil eines Viertels des Erdumfangs, was keine fixe Größe darstellt und deshalb vor etwa einem Jahrhundert ersetzt werden musste durch den Radius der Pole. Dabei hat man festgestellt, dass die ägyptische Elle genau den zehnmillionsten Teil dieses Radius misst! Das erklärt vielleicht besser, warum diese als heilig betrachteten Maßeinheiten, wie Elle oder Daumen, die es in allen Ländern gab, geheim gehalten wurden, da ihre Proportionen mächtige Wirkungen hervorrufen konnten, wenn man sie richtig einsetzte.

## In Schwingung versetzen

Um ihre Maßverhältnisse zum Schwingen zu bringen – so wie man die Saiten eines Musikinstruments in Schwingung versetzt, wenn man sie zupft –, müssen diese Gebäude von etwas erfüllt sein, das ihre Schwingungskräfte in Bewegung bringt und sie energetisch einstimmt. Dazu dienten die Besonderheiten oder „Anomalien“ (elektromagnetische Wellen, Wasseradern etc.) der Orte, die unsere Vorfahren für ihre Bauwerke auswählten, was wir zuvor erwähnten. Der Mensch selbst, nach dem Mineral-, Pflanzen- und Tierreich, steht an erster Stelle als Katalysator dieser Kräfte. Außergewöhnliche Orte ziehen außergewöhnliche Menschen an, die ihrer Zeit voraus sind. So ist es auch im Weinbau, wo ein paar Namen auffallen, mehr oder weniger bekannt, und welche die Stellung halten. Trotzdem tut es manchmal weh, mit ansehen zu müssen, wie wunderbare Weingüter aus Unverstand oder Sorglosigkeit der Betreiber verkommen.

Die Stimme des Menschen, seine Gedanken, die – was man heute vergisst – auch Schwingungen sind, seine Gebärden – es gibt eine neue Bewegungslehre, die sich Eurythmie nennt – sind auch Teil der Prinzipien, die diese architektonischen Kunstwerke in Schwingung versetzen, so wie ein Orchester sich nach der Ersten Geige richtet. Ich glaube, es war Rudolf Steiner, der sagte, dass in der griechischen Architektur die Kräfte selbst aktiv waren, während es in der Gotik die Aufgabe des Menschen war, die Energien zu vereinen und zu potenzieren, damit sie zum Ausdruck kommen. Nur dann entsteht an einem Ort Resonanz für die „mütterlichen Kräfte“, an die er – mit einem technischen Begriff – „angeschlossen“ ist. Um es noch einmal zu betonen: außerhalb der physischen Ebene besteht alles aus Energie als Träger von Informationen, die von allen möglichen Frequenzen und Wellen transportiert werden. Das ist das Grundprinzip, in früheren Zeiten der Architektur war es bekannt und wurde auch angewandt. Heute beginnen es immer mehr Leute zu ahnen, mit allen Risiken, die das mit sich bringt. Auch das Wachstum einer Pflanze, eines Tieres, eines Menschen geht ähnlich vonstatten, nur dass wir es dabei mit einer eher unsichtbaren Architektur zu tun haben – gelenkt vom Zusammenspiel der Kräfte aus Erde und Atmosphäre.

Man kann also Hunderte verschiedener Orte einstimmen auf eine einzige, oder einige wenige, Quellen, die von Sternen oder Planeten ausgehen. Diese lange Erklärung war notwendig, denn die biodynamische Landwirtschaft arbeitet ähnlich daran, *auf ihre Art,* einen Ort zu unterstützen, damit er auf Empfang für die Gesetze des Lebens gehen kann, das heißt die Gesetze des Makrokosmos, ohne den die Erde ein Kadaver wäre.

## Das Wasser

Damit sich diese Resonanz in einem lebendigen Organismus einstellen kann oder damit die Übertragung dieser lebendigen Schwingungen in einen lebendigen Organismus vor sich gehen kann, brauchen wir das Wasser als wesentliches Element. „Es gibt kein Leben ohne Wasser" hört man immer, und „Der Mensch besteht zu 85 % aus Wasser". Aber es geht darum, genau zu erfassen, wie das Wasser wirkt, seine besondere Rolle als Vermittler, wenn man so will. *Die Molekularverbindungen des Wassers in lebendigen Wesen verändern sich relativ zu den elektromagnetischen oder allgemein elektrischen Feldern ihrer Umgebung.* Man kann die Zellen auch als Sender und Empfänger verstehen, sagte Lakovsky in seinem Buch *Der Ursprung des Lebens.* Dieses Buch widmete er d'Arsonval, einem bekannten Wissenschaftler und Mediziner aus der ersten Hälfte des 20. Jahrhunderts, einer Zeit, als die Wissenschaft noch nicht der Spielball ökonomischer Interessen war. Ist das im Grunde nicht dasselbe, was Benveniste „Gedächtnis des Wassers" nannte? In der physisch-materiellen Welt ist das Wasser ein Relais für lebendige Schwingungen sowie für irdische und kosmische Rhythmen, ohne die wir tot sind. Dies genau zu verstehen heißt, auch die Unverantwortlichkeit gewisser Wissenschaftler zu durchschauen, die es als neutralen Akt ansehen, nach reiflicher Überlegung Handy-Antennen auf Wassertürmen zu installieren, obwohl sie diese in dauernde Vibration bringen auf Frequenzen (900 bis 1.800 Gigahertz), die unserem energetischen Gleichgewicht enorm schaden. Solche Methoden führen genau zum Gegenteil dessen, was früher die wundertätigen Quellen waren, deren Existenz man beinahe sicher annehmen kann und deren Wirkung leicht zu erklären ist. Je nach der Geschwindigkeit ihres unterirdischen Verlaufs, des Elektromagnetismus und der natürlichen Elektrizität von Stellen, an denen sie vorbeiflossen, den geologischen Verhältnissen des Bodens – und sogar seiner Formen oder Konfigurationen, denn alles gehört dazu – das heißt also je nach den Kräften, die diese Wasserläufe unterwegs aufgenommen hatten, konnten sie ähnliche „Frequenzspektren“ aufweisen, wie sie in den jeweiligen menschlichen Organen vorherrschen. Man hatte also so genannte heilkräftige Quellen – heute bezeichnet man sie nur noch als „empfehlenswert“ – für Leber, Nieren, Herz usw. Sie gaben dem geschwächten oder überlasteten Organ die lebendigen Rhythmen zurück, die es braucht und schaffen wieder die Verbindung zu den mütterlichen Urkräften. Das war genau das Richtige, denn alles Leben ist Schwingung.

Man kann es nicht oft genug wiederholen, es gibt kein Leben ohne die Schwingungsebenen, die der Mensch heute tagtäglich weiter zerstört. Jede Änderung der Frequenzen und Wellen, welche die Erde umgeben und durchströmen, verändert auch die Botschaft des Lebens und damit den Menschen, der so sein Guthaben an Gesundheit verschleudert. Dies ist ein Tabu-Thema und wird nie angesprochen, denn die Gesundheitskosten allein im Bereich der *energetischen Verschmutzung* könnten schon den Staatsbankrott bewirken – und nicht weniger und damit auch den unseren, denn der Staat ist nichts anderes als die Summe seiner Mitbürger! Also lieber bei der handfesten materiellen Verschmutzung bleiben und hauptsächlich vom bösen „$CO_2$“ reden!

In manchen Kirchen hat eine Architektur, die über all dieses Wissen verfügte, eine oder mehrere Öffnungen genau so angebracht, dass sie an bestimmten Tagen, wie Tag- und Nachtgleiche oder Sonnwende, je nach dem Sonnenstand bestimmte Energien auffangen konnten, die sehr günstig waren für den Menschen und seine Gesundheit und ihm den nötigen harmonischen Ausgleich gaben. Das war oft auch der Inhalt von Pilgerfahrten – zum Beispiel nach Chartres – bis zum Ende des Mittelalters. (Das ist die Zeit, in der man es noch verstanden hat, dass das Jesuskind eines Glasfensters in einem Ikosaeder dargestellt wird). Dann erlosch nach und nach dieses Wissen, und die Rituale konnten die Erwartungen nicht mehr erfüllen. Dazu muss man verstehen, dass die astronomischen

Kenntnisse der früheren Zivilisationen ein sehr hohes Niveau hatten und dass viele Leute bei sich selbst die Wirkung der Energien und auch der Töne spürten. Einige alte Rutengänger sollen sogar den Verlauf unterirdischer Wasseradern mit bestimmten Tönen, die ihre Gedanken ausdrückten, verändert haben. Das war eine angeborene Gabe; heute gibt es sie fast nicht mehr.

## Die Plazierung der Fenster

Es gibt kleine tempelartige Gebäude, die auf eine Weise errichtet sind, dass die Sonne einmal im Jahr durch ein winziges Loch fallen kann, wie in der „Rotonda von Montesiepi" in Italien. Die Strahlen des Lichts werden auf bestimmte Punkte geleitet, die wie Katalysatoren wirken. Vergessen wir nicht, dass Lichtstrahlen immer auch Wellen sind: reflektorische und refraktorische (strahlenbrechende) Schwingungen. Alle Religionen haben ihre Orte, an denen man solche Grundprinzipien wiederfindet wie diese Öffnungen oder die Orientierung in eine bestimmte Richtung oder Parallelen zu bestimmten Achsen oder die Farben der Glasfenster – denn auch Farben sind Wellen. Sogar der Standort jeder Statue ist Teil dieses geheimnisvollen Austauschs, was manchmal noch unterstrichen wird durch die Bewegung der Arme, die zur Erde zeigen, zum Himmel oder auf andere Punkte, zu denen die Baumeister eine Verbindung schaffen wollten. Manchmal sind die Resonanzen verstummt, andere Konstellationen zeigen sich am Himmel (Präzession des Frühlingspunktes), oder der Untergrund hat sich einfach bewegt (Elektrostatik, Wasseradern etc.).

Aber Vorsicht: Manchmal wird man an solchen Stätten auch absichtlich auf Punkte gelenkt, die auf uns lebendige Wesen schädlich wirken. Man kann das in ägyptischen Tempeln erleben oder auch in Europa, mit dem „Stein des Todes", der für den Sarg bestimmt ist. In diesen Fällen sind nicht mehr die Inkarnations- sondern die Exkarnationskräfte beteiligt (zentrifugale Kräfte, Widerstreit der Polaritäten), und aus Unwissenheit stellt man heute dort Stühle auf!

Wir brauchen aber gar nicht so weit zu gehen, denn auch in unseren Kellern findet man solche Stellen, die der Entfaltung beispielsweise des Weins schaden. Es gibt Menschen, die das korrigieren können. Doch es bleibt ein Risiko, sich mit ihnen einzulassen, denn es ist schwer, Inkompetenz und Scharlatanerie von einer wirklichen Gabe zu unterscheiden.

Dies hilft uns zu erfassen, wie grundlegend für die alten Meister der Baukunst, der Literatur und der Wissenschaften, einschließlich der Landwirtschaft, die Beziehung zu der der Materie abgewandten Polaritätg war, ohne die es kein Leben auf der Erde gibt und die der physischen Welt zu ihrer Gestalt verhilft. Jene Zeit hatte noch ein Verständnis dafür, dass alle Wissenschaften untereinander durch das Zahlengesetz verbunden sind, das die Einheit auf immer neue Weise teilt und ihr damit den Einzug in die Materie erlaubt – das ist der Inhalt der Division. Alle „Wellenlängen" sind Ausdruck von Zahlen. Nicht zu vergessen die Chemie, in der ausschließlich das Zahlengesetz regiert, so wie alle Energien und alle Atome – wir haben es schon erwähnt – Wellenlängen sind. Man kann es nicht mehr totschweigen. Das ist auch der Sinn jenes für manche eher rätselhaften Satzes, der über dem Eingang gewisser alter Tempel oder Kirchen geschrieben steht: „Keiner trete ein, der nicht Geometer ist."

In Zahlen und Proportionen ist alles enthalten. Vielleicht kann man dadurch besser verstehen, warum der Kassencode, der *allen unseren Lebensmitteln, und sogar den Medikamenten,* aufgedruckt ist, so schädlich wirkt? Mit der Methode der Kristallisationen kann man dies sogar sichtbar machen. Dieser Code zwingt unseren Nahrungsmitteln einen Rhythmus auf, dessen Grundlage dreimal die Sechs ist, das Gegenteil dessen, was uns gut tut. Warum hat man diesen Rhythmus gewählt anstelle eines anderen? Adams und Wisher haben diesen Gesetzen der „projektiven Geometrie" ein Buch (siehe Anhang) gewidmet, in dem die Angaben Rudolf Steiners zur vierten Dimension auf die Pflanzenwelt angewendet werden. Außerdem muss man in diesem Zusammenhang Guy Thieu zitieren (sein Buch in Arbeit wird eine Synthese der Wissenschaftstheorien über Energien beinhalten); dieser bescheidene und überaus kompetente Autor hat in seinen zahlreichen Vorträgen an verschiedenen Orten die Gemeinsamkeiten der heutigen Wissenschaft mit den Symbolen der Vergangenheit aufgezeigt. Hierher gehört auch die Alchemie; sie wollte die irdischen Gesetzte hinter sich lassen, wie die Elektrostatik oder die Schwerkraft, und aufsteigen zu den himmlischen Gesetzen, die die Evolution unseres Planeten lenken, sowohl in Vergangenheit wie in Zukunft.

## Die Formen und ihre spezifischen Energien

Diese langen Ausführungen sind absolut unumgänglich, wenn man das wahre Wesen alles Lebendigen auf der Erde bis in seine tiefsten Zusammenhänge erfassen will, und damit auch die Aufgabe der Pflanzen, in unserem Falle die Rolle der Weinrebe: Was baut sie auf, was verletzt sie? Jeder müsste fähig sein, *selbstständig,* klar zu unterscheiden zwischen wirklichem Fortschritt und dem falschen, den man uns immer wieder mit einem klug organisierten System im Prunkgewand unterschieben will! Dazu darf man nicht mehr in der Intuition verharren, dem Glauben oder Nicht-Glauben an energetische Ordnungen oder an die biologisch-dynamische Wirtschaftsweise, sondern muss sich auf eine wissenschaftliche Vorgehensweise einlassen, die erst im Entstehen ist, getragen von einer neuen Generation glaubhafter Forscher, die tatsächlich eine neue Energielehre entwickeln.

Mit deren Hilfe kann man erkennen, wie hilfreich bestimmte Formen oder Proportionen sind und welche Energien sie mit sich bringen, denn Form und Material beeinflussen auch die molekularen Verbindungen. Deshalb hatte in der Vergangenheit jede Form ihre bestimmte Funktion. Schauen Sie nur die alten Porzellan-Teekannen an, deren Form man wieder aufgegriffen hat für Weinkaraffen. Die Formen verändern den Geschmack, „öffnen“ oder „schließen“ Lebensmittel (rechts- oder linksdrehend). Das zeigt sich auch beim Kochen: Es gab früher die Kunst des langwierigen Kupfertreibens, das auf die Kessel und damit auf die Qualität der darin gekochten Nahrungsmittel starke Wirkungen übertrug. Reine Einbildung, werden die Kartesianer unter den Lesern denken. Aber die heutige Wissenschaft kann ihnen inzwischen beweisen, dass die Bearbeitung des Kupfers die Raster seiner viereckigen

Moleküle in fünfeckige verwandelt hatte und der Effekt auf die Lebensmittel wirklich unterschiedlich war. So finden wir unsere platonischen Formen und Funktionen wieder vor! Denn natürlich beeinflusst all das auch den Geschmack.
Endlich beschäftigt sich auch die Wissenschaft mit den qualitativen Folgen dieses Einflusses, der heimlich in unserem alltäglichen Leben wirkt. Zum Beispiel wird in einem Artikel in *Le Monde* vom Mai 2007 eine Forschergruppe aus der Krebsforschung zitiert, die bemerkt hat „dass der Krebsprozess nicht ausschließlich das Resultat von Mutationen der DNA darstellt, sondern dass er *konditioniert wurde von der Umgebung dieser DNA* ... Die Krebsschädigung tritt dann ein, wenn DNA und RNS *nicht mehr die universellen Regeln des genetischen Codes respektieren*". Wunderbarer, fundamentaler Fortschritt. Und gleichzeitig bricht die Panik aus bei denen, die ganz gut von der Fürsorge leben, und das auch gern auf ewige Zeit beibehalten wollten.
Pasteur selber hatte mit verschiedenen Gefäßformen experimentiert, um Wasser zu konservieren. In einigen gab es fast keine Verschlechterung, in anderen trat sie sogar sehr schnell ein. Die aufgerufenen Kräfte waren nicht dieselben. Aufgrund dieser Beispiele wird auch der Sinn von Formen und Materialien klar, die in der Küche verwendet werden. Und deshalb muss man, wenn man von der Arbeit im Weinkeller redet, von Barriques und Amphoren, zuerst einmal von den Grundformen sprechen, ihrem Verhältnis von Vertikalität und Horizontalität, ihren Proportionen und ihren Winkelverhältnissen, die sich in der Materie in einer Vielzahl von Formvarianten voll schöner Harmonie niederschlagen. Man kann in ihnen die Wirkung von verschiedenen Kräften beobachten, am ehesten im Mineralreich, oder noch besser bei frisch gefallenen Schneekristallen, die gerade erst aus Sechseck-Impulsen gebildet worden sind – die platonischen Formen lassen grüßen.

Früher waren diese Kräfte in sieben Grundformen – oder sieben Planetenvorlagen, wenn man so will, unterteilt und der Ursprung vielfältiger architektonischer Formen. Man *sollte endlich erkennen,* dass diese Grundformen verschwinden, sobald wir künstlich hergestellte Kristalle verwenden und uns damit von der Matrix des Makrokosmos trennen, der Matrix des Lebens. Es ist wichtig, dies zu durchschauen, denn auf der therapeutischen Ebene *können* ein

*Bild XIVc: Amphorenverkäufer in Georgien.*

synthetisches und ein Naturprodukt *nicht dieselben Eigenschaften besitzen*. Die Morphochromatographien 7 zeigen das deutlich. Das gilt genauso für die Musik und die Musiktherapie, denn dazu braucht es echte Schwingung, die direkt von Formen und Metallen kommt, sowie für künstlich erzeugte Bilder, in denen den photographierten Objekten die Schwingungen des Lichts fehlen.

Wenn man die feine Struktur eines Schneekristalls betrachtet, fühlt man sich beinahe gezwungen, sich mit der „energetischen Vorlage“, wie man es nennen könnte, zu beschäftigen, die ihr zugrunde liegt, mit der wunderbaren Ordnung der Gegenkräfte oder Gestaltungskräfte – was dasselbe ist –, die bei ihrem Abstieg in die Materie ihre komplementäre Wirkung an so zahlreichen Stellen zeigen, mit so viel Eleganz und Präzision.

Das ist auch der Grund, warum man in Asien bei der Betrachtung einer Landschaft eher auf das Leere als auf das Volle achtet! Man versucht, sich den Kräften zu nähern, welche die Landschaft erschaffen haben! Diese Beispiele geben etwas Klarheit, wie man die Vorstellung einer Form den ihr entsprechenden Energien zuordnen kann.

Idealerweise müsste man die Kinder lehren, einen Ort energetisch zu kosten, so wie wir gelernt haben, Wein zu kosten; versuchen, die Einflüsse zu erspüren, die der Schwerkraft entgegenwirken (wir wollen dabei nicht vergessen, dass auch wir unsere „Architektur" haben, die Gewölbe der Füße und des Schädels) oder uns niederdrücken; und ebenso versuchen, die Reaktionen unserer Kreativität, unserer Psyche auf die Formen zu erspüren, in denen wir uns bewegen, und sogar auf die Ernährung, die wir wählen, samt deren Wirkung auf unsere Stimmung oder unsere Befindlichkeit. Idealerweise wäre es am einfachsten, wenn der Mensch an Orten leben und schlafen könnte, an denen die Sonnenkräfte dominieren (um auch in der Nacht geschützt zu sein, Sie erinneren sich). Es gibt die Ausnahmen einiger Klöster (meist Zisterzienser), die sich absichtlich an sehr „irdische" Orte zurückgezogen haben, damit der Mensch lernen konnte, die äußeren Sonnenkräfte durch sein Denken, seinen Willen und seine Konzentration zu ersetzen und sie in seinem Inneren wachsen zu lassen, was permanente Anstrengung voraussetzt.

*Bild XV: Bilder von Schneekristallen. Betrachten Sie die Kristalle und stellen Sie sich deren geometrisches Raster vor.*

Wir sollten uns also bemühen, die Kräfte aufzuspüren, die jede Form in unserer alltäglichen Umgebung herum erschaffen, und deren Eigenheiten durch so genannte „Formwellen" – jeweils verschiedene – übermittelt werden. Jede Welle ist Trägerin ganz spezifischer Kräfte, welche die Menschen früherer Zeiten jedem einzelnen Nahrungsmittel zuordnen konnten, auch dem Wein, wobei auch die geographischen Besonderheiten des Wohnorts eine Rolle spielten, da sie ständig von den Lebensgesetzen durchdrungen sind. Welche Form passt zu welchem Produkt? Welches Material soll man verwenden, wie sind seine energetische Auswirkungen, womit ist es ursprünglich verbunden?

Sie hatten auch das Wissen, um die richtige Form einer Glocke für die gewünschte Resonanz zu finden. Wir sollten verstehen, dass der Grund, warum das Kupfer in der Küche so wichtig ist, in seiner Verwandtschaft zum Planeten Venus liegt, die ihm die Sensibilität für subtilste Impulse verleiht. In der Architektur findet man die Spur dieses Wissens in Häusern, unter denen eine Wasserader entgegen der Sonne lief – also von Westen nach Osten –, was also lebenshemmend war. Indem man im Keller eine Wölbung einbaute – das ist eine Form – manchmal nur unter einem einzigen Zimmer, stellte man die Ordnung wieder her und schuf die Bedingungen für ein gesundes Leben im Oberstock.

Es gibt keine Kathedrale, unter der sich nicht mehrere Wasserläufe unter der Stelle kreuzen, die für den Altar bestimmt war und über der selbstverständlich eine Wölbung erbaut wurde. Die negative Strömung, die von unten heraufstrahlt, wird vom Gewölbe zum Boden zurückgeworfen, so dass aus den beiden negativen Zeichen ein positives wird. Das Wasser, das unter einer Kathedrale oder Kirche fließt, umzuleiten, hieße ihr energetisches Gleichgewicht zu zerstören.

Jetzt ist es wichtig, dies alles in Bezug auf den Weinbau zu betrachten. Diese unsichtbaren, aber realen energetischen Eigenschaften wirken ja auch auf unseren Wein. Wenn man sich zu lange an einem Ort aufhält, an dem man sich nicht wohl fühlt, kann das zu schweren Krankheiten führen.

Ebenso kann ein „ungünstiger" Platz für den Weinkeller entmutigende Pflegemaßnahmen für den Wein erforderlich machen, da einfach die Lebensgesetze durch ein Übergewicht tellurischer Kräfte verfälscht sind, das allmählich überhand nimmt, wenn man es nicht bemerkt. Das kann manchmal auf ganz kleinen Flächen von ein paar Quadratmetern vorkommen; dann muss man die Gärung mit der Maische aus dem Nachbarfass unterstützen, oder umfüllen, um den Geschmack wieder aufzufrischen. Im Gegensatz dazu gibt es auch den Fall von sehr alten Kellern, erfüllt von der Weisheit und der Kunstfertigkeit der früheren Baumeister, die einige Ungereimtheiten, die der Saft mit hereinbringt, „schlucken" und harmonisieren können, ohne dass es jemand wirklich merkt.

Es gibt noch einige Menschen mit der Gabe, Weine wirklich zu verändern oder zu verbessern, weil sie sie verstehen und ihnen nahe sind. Andere können die Energien eines Ortes heilen oder pflegen, wenn diese durch unseren Unverstand verletzt wurden. Zu diesem Thema könnte jeder Winzer, der auf die Gesetze des Lebens achtet, einige interessante Geschichten erzählen.

# Elektrosmog im Weinkeller

Viele der wunderschönen modernen Weinkeller, die manchmal enorme Investitionen erforderlich machten, sind vom energetischen Standpunkt aus absurd. Wenn man einzig und allein den entstehenden Elektrosmog in Betracht zieht, und damit sind 50 bis 60 Hertz gemeint, hat man Lust, den Architekten oder den Auftraggeber energisch zu schütteln, denn das bedeutet, dass alles (einschließlich Zement), was mit einem Elektrokabel oder einer sogar ausgeschalteten Glühbirne in Berührung kommt, in fünfzig bis sechzig Schwingungen pro Sekunde versetzt wird! Der elektrische Anteil eines elektromagnetischen Felds kann zwar relativ leicht mit einer richtigen Erdung saniert werden (die sich im Laufe der Jahre wieder verschlechtert), aber dem magnetischen – noch unnatürlicheren – Anteil ist sehr viel schwieriger beizukommen, wenn die Fehlinstallation einmal gemacht wurde. Früher arbeitete man in den Kellern mit 25-Volt-Niedrig- oder Gleichstrom. Arme Weinhefen, viel Glück bei diesem Spagat zwischen gestern und heute! Aber dies alles trägt dazu bei, dass man technologischen Beistand in Anspruch nehmen muss.

Liebe „Amateure“, bedenken Sie das für Ihren eigenen Weinkeller. Mir kommen dabei besonders gewisse Flaschenkühler in den Sinn, die öfters 50/60 Magnet-Hertz streuen. Und vor allem, kaufen Sie Ihr Stromprüfgerät nicht aufs Geradewohl; dessen Empfindlichkeit ist oft stark herabgemindert, wohl um Ihre Zweifel zu zerstreuen. Vermeiden Sie auch zu viel Metall in Ihrem Keller, denn das geht bei unserer heutigen, elektrisch überladenen Umgebung in

Resonanz mit allen möglichen Rhythmen, die unser echter, also lebendiger Wein überhaupt nicht liebt. Das kann sein Reifeprofil stark beeinträchtigen.

## Das energetische Durcheinander in der Atmosphäre

Die Situation ist um einiges komplizierter als früher, denn der Mensch stellt alle möglichen Wellenlängen und Frequenzen her, die er unserer Erde und ihrem Umkreis aufzwingt, ohne sich im mindesten darum zu kümmern, ob dies das wunderbare System, das uns am Leben hält, in Mitleidenschaft zieht. Das Sonnensystem kommt nicht auf der Erde mit Lastwagen und Arbeitern an, sondern mit vielfältigen Frequenzen und Wellenlängen, von denen jede einzelne ganz bestimmte Funktionen erfüllt. Unsere Atmosphäre mit Frequenzen vollzupumpen oder zu sättigen, die nur unserer Bequemlichkeit dienen, heißt gleichzeitig, die Harmonien des gesamten Energiesystems zu verändern, das Kepler „Musik der Sphären" nannte und welche das Leben auf die Erde bringt. Sobald es fehlt, ist die Erde ein Kadaver. Wenn man das nicht einsieht, wird man langsam, aber sicher zunächst das Klima verändern, dann den Menschen und später, aber wahrscheinlich sehr viel früher, als man denkt, sogar die Polarisierung der Erde! Denn sobald die Erde Ermüdungserscheinungen zeigt, wird sie einfach ihre Polarisierung umkehren, was nicht ohne ernste Konsequenzen bleiben wird, wie Sie sich denken können!

Die Wissenschaftler haben inzwischen schon 100 bis 300 Umkehrungen des irdischen Magnetfeldes festgestellt – die Einschätzungen variieren. Damit ist die Organisation allen Lebens (Klima, Meeresströme, Anpassung der Arten etc.) in Frage gestellt und muss sich umstellen. Zur Zeit beobachtet man in der Geobiologie, dass sich die tellurischen Wellenzüge in neue Bahnen schieben, besonders in den großen Städten, in denen die energetische Verschmutzung immer dichter wird. Leider muss ich Ihnen auch sagen, dass ein Erdbeben nicht einfach von zwei sich verschiebenden Platten hervorgerufen wird, wie wir es gelernt haben, genauso wie ein Lächeln nicht einfach aus zwei Lippen besteht, die sich verziehen. Wirklich interessant ist es, die Person kennen zu lernen, die sich entschließt, ihre Lippen zu einem Lächeln zu verziehen, oder, wenn Sie wollen, das System, das zu einem bestimmten Moment dieses Erdbeben hervorruft oder auslöst. Da kommen wir nur mit Wissen über den Makrokosmos und dessen Energieverhältnisse weiter!

Außerdem sollten wir etwas nicht vergessen, was auf einmal sehr aktuell werden könnte, nämlich, dass das „lebendige System Erde“ durchaus die Möglichkeiten besitzt, *ganz allein, von sich aus* die Auswüchse akustischer Verschmutzung loszuwerden. Es wird Zeit, sich dessen bewusst zu werden, auch wenn einige Ignoranten darüber lachen.

Zu viele Leute sind heute noch in dem Dogma gefangen, das besagt, das Leben sei aus der Materie geboren, wohingegen doch das Gegenteil der Fall ist. Unsere gute alte Erde verdichtet treu und brav mit ihren Schwerekräften alles, was in ihren Aktionsradius eintritt. So einfach ist das. Nicht der Boden macht die Pflanze, sondern zuerst einmal muss die Pflanze den Boden und seinen Humus herstellen, indem sie das Unfassbare verdichtet. Dieses Unverständnis der energetischen Welt und ihrer unzähligen Wellen und Frequenzen gegenüber, aus denen sie besteht, könnte in den kommenden Jahren noch riskant werden und Reaktionen hervorrufen, bei denen Asbest und verseuchtes Blut alt aussehen werden! Die biologische Aktivität aller Lebewesen schafft alle möglichen Überlagerungen; und schon die geringste Änderung der irdischen Frequenzen und Wellen zieht auch eine Veränderung dieser lebensspendenden Energien nach sich. Das können wir von den Krebskrankheiten lernen. Man glaubt, man könne jemand auf einmal mit Frequenzen von 900 bis 1.800 Millionen Schwingungen pro Sekunde bombardieren, ohne die Zellen seines Kopfes – die ja ihre eigenen Rhythmen haben – durcheinanderzubringen und ihre Durchlässigkeit zu beeinträchtigen. Darüber vorliegende Studien werden unter den Teppich gekehrt, und die Budgets für ihre Wiederaufnahme dafür verwendet, ihre Nicht-Reproduzierbarkeit zu beweisen, und damit sind sie vorläufig wieder vom Tisch. Aber auf dieser Flucht nach vorne, in die uns die ökonomischen Zwänge immer weiter hineindrängen wollen, gibt es kein Zurück. Immer deutlicher zeigt sich, dass wir in eine Sackgasse geraten sind, auch wenn es als unfein gilt, es anzusprechen.

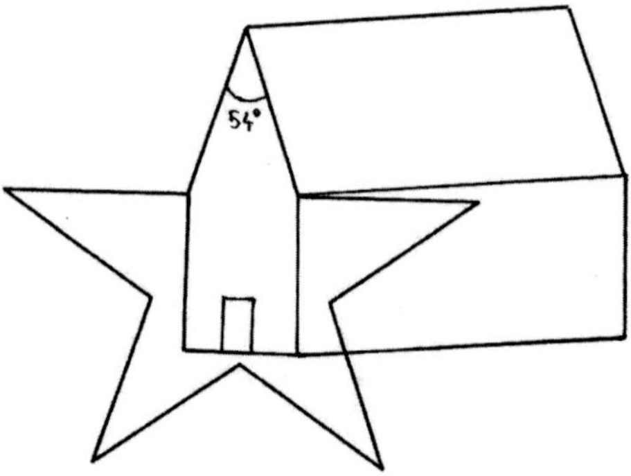


*Bild XVI: Neigung eines Daches, die dem Winkel im Fünfeck entspricht.*

Das ist unsere Zeit. Wussten Sie, dass keine Versicherungsgesellschaft akustische Schäden ersetzt? Eigentlich sollte man sie dazu befragen, denn sie sind ja nicht gerade desinteressiert am Profit!

Dieses Wissen über Formen und die ihnen verbundenen Kräfte führt uns zurück zur Barrique.

Das Barrique-Fass ist eine Endlos-Wölbung. Setzen Sie sich einmal hinein, oder, wenn Sie erwachsen sind, in ein 600-Liter-Fass (das ist geräumiger) und sie werden Glücksmomente erleben. Diogenes war nicht dumm! Das Tier, das ja viel weniger von seinem Intellekt gefangen ist als wir, spürt das sofort. Ein Hund wird seine Hütte schnell verlassen für ein Barrique-Fass. Die Vögel bauen keine viereckigen Nester. Ihre Eier sind nicht würfelförmig, Bienenwaben auch nicht. Wenn man die Tierwelt beobachtet, findet man überall die platonischen Formen wieder: das Sechseck bei den Waben, das Fünfeck beim Seestern, das Dreieck bei den niederen Lebewesen. Jede Art ist einer gewissen Form oder ihren Kräften (was identisch ist) verbunden. Das erklärt, warum auch viele Medikamente aus dem Tierreich stammen.

Welche Form passt am ehesten zum Wein? Welche Kräfte braucht er hauptsächlich zu seiner Reifung? Wohin sollen wir ihn auf der Stufenleiter des Lebens stellen? Jeder muss ganz allein die Antworten auf diese grundlegenden Fragen finden. Man kann nicht alles kaufen, aber alles lernen, wenn man sich die Mühe macht!

Zunächst sollten wir auf andere Weise lernen. Mit mehr Überblick, globaler, ehe wir in allen Wissenschaftszweigen auf die Mikro-Details eingehen. Der Austausch ist wichtiger als die Abgrenzung. Der Neigungswinkel an den Spitzgiebeln älterer Häuser, von 54°, also auch der Winkel im Fünfstern, verweist uns wieder auf die fünf Lappen des Weinblatts – und da wären wir wieder bei den platonischen Formen.

Damit kann man die energetische Ausrichtung eines Kirchendachs verstehen, das, umgedreht, die Form einer Amphore hat. Darin fühlt sich der Wein sehr wohl, wieder anders als in der Barrique. Damit die Amphore ihre Aufgabe richtig erfüllen kann, müssen wir sie unter die Erde, in die Nähe des Elektromagnetismus bringen. Wie sollte sie sonst an diese Kräfte kommen? In Georgien weiß man das noch (s. Foto: Amphore in Georgien). Der Ruf von oben und von unten hat nicht dieselbe Wirkung auf den Wein, denn er gehorcht verschiedenen Gesetzen. Man muss sich dieses Wissen wieder erarbeiten, sonst baut man irgendwas, irgendwie, irgendwo, mit beliebigem Material. Wir sollten unsere Eigenkreativität zuerst schulen an den Gesetzen, die Erde und Mensch auferlegt sind. Ohne sie entarten unsere Kreationen, bleiben kalt und ohne tieferen Sinn. Dadurch üben sie eine negative Wirkung auf den Menschen aus und können ihm sogar schaden.

Wir müssen auch wieder zu einem Verständnis des Sonnen-Gestirns finden, seinem Verhalten, seiner Bewegung und seiner Wirkung an verschiedenen Orten der Erde, zum Beispiel in Bezug auf die Stellen des Sonnenauf- und untergangs an solch besonderen Tagen wie der Sommer- oder Wintersonnenwende, also dem Triumph der Sonnenkräfte über die Gesetze der Schwerkraft und vice versa. Somit können wir auch die Formen verstehen, die man bis vor zwei oder drei Jahrhunderten dem Unterbau der Wohnhäuser gegeben hat. Sie variieren je nach dem Längengrad ihres Standorts. Je weiter man nach Süden kommt, desto eher haben wir ein Rechteck, das sich in die Länge zieht (am Äquator bleibt noch eine gerade Linie davon übrig). Weiter nach Norden ist das Rechteck immer mehr nach oben ausgerichtet. Im Norden Frankreichs ist es eher ein Quadrat. Warum erwähne ich das ausgerechnet hier? So gibt es nahezu eine völlige Übereinstimmungen mit der Formgebung der

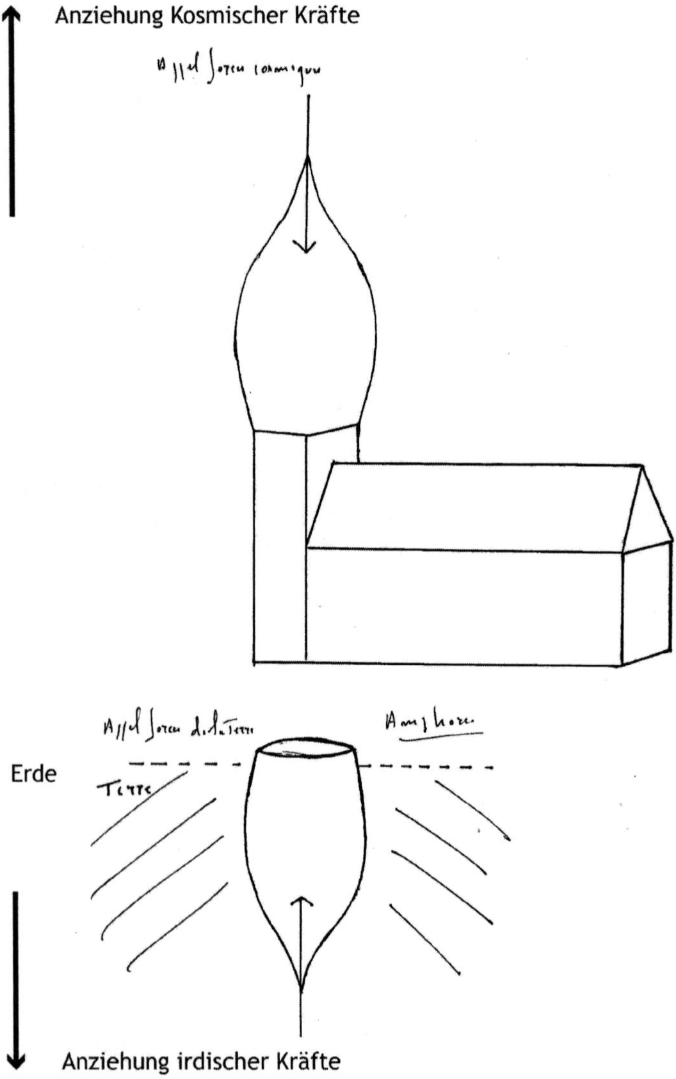


*Bild XVII: Verständnis der Formen; Kirche mit einem Dach wie eine Amphore. In der Kirche werden die Irdischen Kräfte nach oben gezogen, das gibt den Auftrieb. In der Amphore werden die kosmischen Kräfte nach unten gezogen, das ergibt die Inkarnation.*

Barrique-Fässer, je nach den Längengraden, wo man sie verwendet. Aus denselben Gründen sind sie in Porto länglicher als in der Bourgogne. So war der Wein während seiner Reifezeit immer in Übereinstimmung mit den energetischen Verhältnissen des Ortes. Früher konnte man dieses Wissen nicht nur verstehen, sondern auch nachspüren. Deshalb brauchte man es nicht zu erklären.

Man kann es natürlich auf all die Formen ausweiten, die man Gefäßen gegeben hat, Milchtöpfen, Ölkrügen, Wasserkaraffen etc., die sich zweifellos der energetischen Form ihres Inhalts anpassten. Dadurch verbesserte sich die Haltbarkeit der Nahrungsmittel (und sogar alter Trachten), denn Form und Material schufen besser vernetzte Energien.

Es muss uns klar sein, dass wir der physischen Welt nur noch über unser neurosensorielles System nahe kommen und uns damit von den lebensspendenden Energien gelöst haben. Seit einem Jahrhundert lehrt man nur noch, was dem Gehirn verständlich ist, also, die Gesetze der Materie.

In früheren Zeiten war es genau umgekehrt, nur das Energetische zählte. Heutzutage ist es dringend notwendig, alles beides zu verbinden und die Wissenschaft aus der Sackgasse zu holen, in die manche Dogmen sie hineinmanövriert haben. Es wird Zeit, die unzähligen verdienstvollen Entdeckungen, die mit mühevoller Arbeit der Materie abgerungen wurden, in einen viel umfassenderen Zusammenhang zu stellen, für dessen Realität die physische Seite nur einen Teilaspekt darstellt. Zuerst einmal muss man erkennen, dass alle unsere Sinneswahrnehmungen uns isolieren, da sie uns zurückverweisen auf unsere Individualität, die auf der physischen Ebene von ihrer Umgebung getrennt ist. Was für diese physisch individuelle Ebene durchaus stimmt, sieht auf einem energetischen Niveau ganz anders aus, da dort jeder Impuls auch sein Umfeld durchdringt, ohne die Barrieren einer physisch-individuellen Schranke. Das können wir bei den Kleinkindern sehen. Solange die irdischen Verhältnisse sie noch nicht ganz erfasst haben, sind für sie die Energien hinter der Materie Realität – das sehen Sie in ihren Augen. Uns Erwachsenen verschließt unsere Sinnesorganisation, mit der wir unsere Persönlichkeit ausbilden,

*Bild XVIII: Formvariationen relativ zum Längengrad.*

*Häuserformen nach Längengraden und Sonnwenden*
*Sonnen-Untergang - Sommersonnenwende*
*Sonnen-Aufgang - Sommersonnenwende*
*Sonnen-Untergang - Wintersonnenwende*
*Sonnen-Aufgang - Wintersonnenwende*

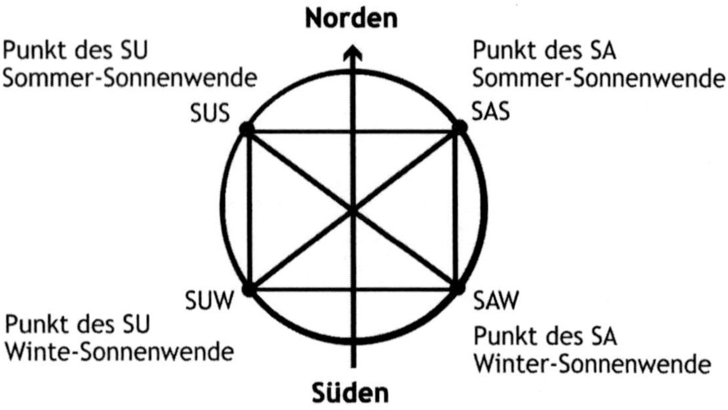


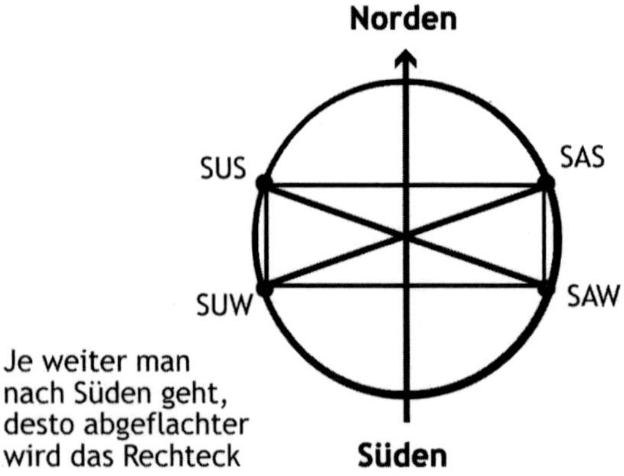


*Quelle: Romanische Kirche, J. Bonvin und R. Monterciy, E. Mosaique.*

allmählich den Zugang zu den verborgenen Energien. Sobald das Kind die individualisierenden irdischen Gesetze übernommen hat, fängt es an, sich selbst „Ich“ zu nennen und nicht, wie vorher, bei seinem Vornamen. Denn da war ihm noch nicht so ganz klar, dass es selbst damit gemeint war. Aus „Peter mag den Mann nicht“ wird dann „Ich mag den Mann nicht“. Mit drei Jahren etwa verliert es seine Hellsichtigkeit, mit der es das Nicht-Physische wahrnehmen konnte. Anders als beim Menschen hat das Tier keine eigene Individualität, es gehorcht den Gesetzen der ganzen Art. Aus diesem Grund sind sich die Artgenossen im Tierreich ziemlich ähnlich, und das Tier ist nicht, wie der Mensch, aus dem lebendigen energetischen Zusammenhang der Welt herausgerissen. Von dort erhält es die Informationen für sein tägliches Leben, allerdings ohne sich dessen bewusst zu werden. Deshalb kann es eigentlich keine Fehler machen. Ein Biber kann Staudämme bauen, ohne ihre Statik zu berechnen und die Vögel Nester mit oft erstaunlichen Formen, die sich aber immer im Gleichgewicht halten. Das Tier wittert Gefahren oder auch Wasser über eine Entfernung von Kilometern. Es steht in ständigem Kontakt mit Formkräften, die seine Rasse prägen, aber es hat kein individuelles Ich und auch nicht die Freiheit, sich dem Einfluss dieser Kräfte zu entziehen.

Daher ist es so wichtig, die Naturreiche, über denen der Mensch steht, zu beobachten. Wenn wir ein Tier nicht artgerecht füttern, indem wir seinen Instinkt mit künstlichen Aromen täuschen oder ihm „Molekularverbindungen“ anstatt Futter geben, isolieren wir es von seinen Formkräften und schwächen seinen Gesundheitszustand (für bestimmte Leute sehr lukrativ), denn Gesundheit ist Interaktion aller Lebensbereiche.

# Umwelteinflüsse im Allgemeinen

Im Zusammenhang mit dem Mythos des Dionysos haben wir schon im ersten Kapitel unsere irdischen Lebensbedingungen angesprochen. Und auch die alten Ägypter wiesen darauf hin, wenn sie erzählten, wie Isis weinend auf der ganzen Erde Osiris sucht, der von Typhon zerstückelt wurde. Typhon steht für die Schwerkraft. Auch hierbei geht es um die Inkarnation in die Materie und damit um die Trennung von einer energetischen Einheit unter dem Einfluss der Schweregesetze. Man könnte sagen, Isis sucht auf Erden die Teile eines Puzzles zusammen, die auf der energetischen Ebene ein schönes Bild darstellten, genannt Osiris. Allerdings ist dieses Puzzle ungeheuer schwer zusammenzusetzen. Dahin sollte man die Forschung in Landwirtschaft und Weinbau ausrichten, wenn man große, edle Weine erhalten will. Inzwischen dürften wir dazu fähig sein, die entscheidenden Fragen an unsere Felder und Weinberge zu stellen. Was brauchen sie, um sich zu entfalten? Welche Tiere, welche Landschaft, welche Prioritäten, welche Pflegemethoden, welche Rebsorten, welcher Ausbau, welche Orientierung usw. Mit anderen Worten: Was sind die bestimmenden Kräfte hinter all diesen Kriterien? Wie viele Journalisten, die unseren Informationsfluss bestimmen, sind bereit, dem Verbraucher wesentliche Inhalte zu übermitteln? Sind sie überhaupt unabhängig genug dafür? Damit sind wir bei der Rolle angekommen, welche die Kontrolle der Medien spielt, die Wahl eines Journalisten für einen bestimmten Themenbereich, sein Selbstverständnis. Eine Zeitung kann sich leicht einen Anstrich von Liberalismus geben und dann die Verantwortung eines bestimmten Ressorts einer Person anvertrauen, von der man weiß, dass sie nicht fähig ist, oder sagen wir's deutlich, ihre Kreativität nicht ausreicht, gewisse Themen zu vertiefen und neu zu greifen. Für viele Zeitungen ist der Werbeetat ihre Hauptschlagader. Glücklicherweise gibt es hier wie im Weinbau und allen anderen Berufen immer wieder Menschen, die nicht bereit sind, ihr Gewissen für ihre Bequemlichkeit zu verkaufen.

Je mehr man in die tief greifenden Ordnungen des Lebenssystems unserer Erde eintaucht, desto bewusster wird einem, welch akute Gefahr für Land- und Weinbau in der Genmanipulation liegt, die man sträflich verharmlost mit der Erklärung, man ersetze ein „Schlechtes Gen" durch ein „Gutes Gen". Niemand versucht den Grund zu finden, warum das energetische System einmal so wirkt und einmal anders. Man beschränkt sich darauf, etwas im Namen „des Guten" auszumerzen. Man beachtet nicht einmal, dass manche Tiere auf genmanipulierte Futtermittel mit Leukämie reagieren, also auf eine Unordnung mit einer Unordnung antworten. Im Gegenteil, man versucht sogar, dieser Leukämie wiederum mittels Genmanipulation Herr zu werden.

Die Lehre von der Materie kann sich nur weiterentwickeln, wenn sie sich in einen größeren Zusammenhang stellt als bisher, sonst könnte sie extrem gefährlich werden. Es führt kein Weg vorbei an der meinetwegen bitteren Erkenntnis, dass wir uns mit den Widersprüchen beschäftigen müssen, die eine umfassendere Definition des irdischen Lebens nach sich zieht. Nur das kann uns vor furchtbaren Irrtümern bewahren, die einmal in die Geschichtsbücher eingehen werden als Beispiele für die unglaubliche Beschränktheit eines Wissenszweigs, den man heute noch für tadellos hält. Nur ein solches Umdenken, das die Gesetze der Physik wieder in Einklang mit ihrem energetischen Umfeld bringt, kann nachhaltigen Fortschritt in der Landwirtschaft bewirken. Diese Richtung hat die bio-dynamische Wirtschaftsweise eingeschlagen. Ihre qualitativen Erfolge im Wein, ohne Nebenwirkungen, sind unübersehbar und allgemein anerkannt und werden den Anstoß zu neuen Wegen im Anbau geben. Außerdem ist sie auch noch rentabel, wenn man nur an die ungeheuren Kosten im Gesundheitswesen denkt, die mit Ernährungsfehlern zusammenhängen. Paradoxerweise macht sie sich ausgerechnet mit diesem Argument ihre schlimmsten Feinde, da zu viele wirtschaftliche Interessen daran hängen. Denn diejenigen, die von diesen Abhängigkeiten leben und davon profitieren, haben als erstes versucht, die bio-dynamische Landwirtschaft als sektiererisch zu verunglimpfen, was vor Gericht eindeutig zurückgewiesen wurde (und von mutigen Journalisten!). Dann hat man sie abgestempelt als Methode „nur für die Reichen“, obwohl sie von vielen kleinen Weinbauern angewendet wird – auch in Entwicklungsländern. Als nächstes kam der Esoterik-Vorwurf, da sie ja mit minimalen Mengen von Substanzen arbeitet. Wenn die biologisch-dynamische Wirtschaftsweise esoterisch sein soll, weil man ihre Wirkung nicht auf der physischen Ebene erklären kann, dann müssten es auch Handy oder Radar sein, über den ein Flugzeug seinen Bestimmungsort aus tausend Kilometer Entfernung orten kann. Einige für die INRA (Staatliches Agrarforschungsinstitut) Tätigen – nicht alle – verfolgen diese Kritik weiter und reden in Bezug auf die bio-dynamische Wirtschaftsweise von „Quacksalbern und Unwissenschaftlichkeit“. Sie wollen nicht einsehen, dass ihre Prüfgeräte keinen Zugang zu energetischen Phänomenen haben, die für sie nicht messbar und damit nicht existent sind – trotz aller qualitativen Ergebnisse.

Dabei berücksichtigen sie nicht annähernd die verheerenden Folgen für Mensch und Erde, die sie selbst verursachen. Eines Tages wird man die Gesetzmäßigkeiten, die der biologisch-dynamischen Wirtschaftsweise zugrunde liegen, allgemein anerkennen. Dann werden wir als physikalisches Grundgesetz nicht mehr Newton und seinen Apfel haben – es ist übrigens jammerschade, dass man seinen Beitrag auf diesen Apfel beschränkt hat, denn er hat sich auch mit ganz anderen Prinzipien beschäftigt – sondern die Wirkungen der Sonne, denen man sich ganz anders nähern muss als mit unseren heutigen Apparaten, die nur für rein materielle Verhältnisse brauchbar sind. In diesem Zusammenhang sollten wir einmal die Physiker würdigen, die ihre Kollegen mit der Entdeckung einer anderen Welt hinter der physisch-materiellen, die vielen immer noch völlig unbekannt ist, verunsichert haben und deshalb oft verleumdet wurden. Doch auch diese Kollegen haben es schlussendlich übernommen: Die Leere ist nicht leer, sie ist voll von anderem. Die Wissenschaft hat einen großen Schritt nach vorn gemacht.

Wie auch immer, für uns Winzer und für Sie, Weinkenner, zählt nur das Ergebnis, und da kann bis heute, soviel ich weiß, kein Winzer aus dem konventionellen Anbau die Qualität seines Weins mit dem messen, was man bei richtiger Anwendung mit dieser Methode von morgen, dem biologisch-dynamischen Anbau, erreicht wird. Vor allem, was die Originalität des Weins betrifft – höchstens, wenn der Vertreter des Konventionellen kräftig mit Chemie und Technologien nachhilft.

Wir haben von Frequenzen gesprochen, von energetischen Zusammenhängen, Hintergründen des Lebens, von Ursprungskräften etc. Alle diese Bezeichnungen, die fast niemand versteht, kommen einem auf den ersten Blick fremdartig vor. Wie hängt die biologisch-dynamische Wirtschaftsweise mit all dem zusammen? Was genau tun wir zuhause in unseren Weinbergen? Worin besteht der Unterschied zu den konventionellen Anbaumethoden?

Es wird Zeit, zum eigentlichen Thema zu kommen.

# Die bio-dynamische Wirtschaftsweise im Weinbau

„Bio“ heißt das Leben. „Dynamik“ bedeutet (auf Veränderung gerichtete Kraft!) Antrieb, Beschleunigung oder auch Anregung des Lebens. Wie dynamisiert man das Leben?
Das ist eigentlich sehr einfach. Zuerst einmal gilt, dass es sich um Prozesse handelt, die es schon längst, zumindest teilweise, in der Natur gibt. Jeder weiß zum Beispiel, dass Quellwasser, ehe es in einer Flasche ruhig gestellt wird, biologisch viel aktiver ist durch seine Eigendynamik, das heißt durch die Bewegung, die es bei seinem Kreislauf unter der Erde aufgenommen hat. Das Regenwasser dagegen, von dem jeder weiß, dass es viel größeren Einfluss auf das Pflanzenwachstum hat als das Leitungswasser, wird von der Erdatmosphäre dynamisiert.

Die biologisch-dynamische Wirtschaftsweise gibt es seit 1924, als Rudolf Steiner in Deutschland, auf dem Gut von Graf und Gräfin von Keyserling in Koberwitz, einen Kurs gab mit präzisen Anweisungen, wie die Gesundheit der Pflanzen, ihr Geschmack und ihr Nährwert, verbessert werden können. Dazu gehörten Ratschläge für die Herstellung von natürlichen, ganz spezifischen Präparaten, um die Lebensprozesse aufzuwerten, die die Pflanzen zu ihrer Entfaltung brauchen. Für diese Präparate hat er zuerst bestimmte Heilpflanzen ausgewählt.
Es waren: Kamille, Schafgarbe, Brennnessel, Eichenrinde, Löwenzahn und Baldrian.

Einige von ihnen bilden Synergien mit speziell ausgewählten tierischen Organen, in denen man, auf seinen Rat hin, die Pflanzen eine Zeitlang ruhen lassen soll, um ihre Wirkung zu verstärken.

Sie werden zusammen unter ganz bestimmten Bedingungen vergraben, meistens im Winter – eine auch im Sommer – und im Frühjahr wieder herausgeholt.

## Die Präparate

Welche die Präparate sind, wollen wir ganz deutlich erklären, damit man uns nicht als „Hexenmeister" verleumden kann, was immer öfter geschieht angesichts der qualitativen Erfolge, die die biologisch-dynamische Wirtschaftsweise im Weinbau, in allen Ländern der Welt steigend, verzeichnet.
Beginnen wir mit einem konkreten Beispiel: Jeder weiß, dass die Kamille auf die Verdauung und besonders auf den Darm wirkt. Außerdem ist bekannt, dass das Tierreich im Vergleich zum Pflanzenreich in dem Sinne weiter entwickelt ist, dass die Pflanzen von ihrem lebendigen Umfeld bestimmt werden, von Erde, Sonne, Klima usw. und ganz von ihnen abhängig sind.

Das Tier ist schon weiter, es hat bestimmte Organe, die es bis zu einem gewissen Grad von der äußeren Welt unabhängig machen, so dass es trinken, essen und schlafen kann, wo es will. Diese Geste ist schon an der Vermehrung der Zellen sichtbar, die sich (beim Tier) über Einstülpung vollzieht und nicht mehr über Sprossbildung wie im Pflanzenreich. Manche Pflanzen, zum Beispiel die Orchidee – die schon ein leicht animalisches Verhalten hat, ähnlich einem Insekt – zeigen damit erste Versuche, diese höhere Entwicklungsstufe zu erreichen. Um dies auch im Detail zu verstehen, sollte man die Bücher über die Heilpflanzen von Wilhelm Pelikan lesen, die wir schon erwähnt haben. Wie jeder weiß, hat das übergeordnete Tierreich einen sichtbaren Einfluss auf das Wachstum der Pflanzen. Wer würde dem widersprechen, dass tierischer Mist der beste Wachstumsfaktor ist? Und was ist das, „Mist"? Nichts als pflanzliche Substanz, die das Verdauungssystem eines Tieres durchlaufen hat. Ausgeschlossen sind natürlich die Fälle, wo auf die Empfehlung von „Wahnsinnigen“ ohne jegliches Verantwortungsgefühl gegenüber der Gesellschaft Kühe mit Fleisch gefüttert werden, bis auch sie dem Wahnsinn (Rinderwahn) verfallen – weil man nicht mehr fähig ist, den qualitativen Unterschied von pflanzlichem und tierischem Eiweiß zu durchschauen!

Man kann also sagen, dass der Mist einfach pflanzliche Substanz ist, durchdrungen von den Verdauungskräften eines Tieres. Es ist auch bekannt, dass die Medizin oft auf Medikamente tierischer Herkunft zurückgreift. Diese gewiss sehr vereinfachenden Erklärungen können dennoch verständlich machen, woher diese Synergie zwischen Pflanze und tierischem Organ kommt, die für manche Präparate von Bedeutung ist, zu deren Herstellung Rudolf Steiner geraten hat. Ich sage *sehr* vereinfachend, denn die Wahl der Pflanzen, Organe und Tiere beruht auf einem ungeheuer tief greifenden Verständnis der Ursprungskräfte und Hintergründe des Lebens, die in jedes einzelne Präparat hereingeholt werden.

Man verstärkt zum Beispiel die Eigenschaften der Kamille, indem man sie in einen Darm einnäht.
Jetzt muss man nur noch das Tier wählen, dessen Darm man verwenden will. Dazu kann man sich fragen, bei welchem Tier die Entwicklung des Verdauungssystems am weitesten fortgeschritten ist oder welches der beste Wiederkäuer Europas ist. Das ist natürlich die Kuh, die in vielen alten Zivilisationen, aber auch für die Christenheit, mit Recht als heilig gilt. Man nimmt also den Darm einer Kuh, stopft ihn mit Kamille und vergräbt ihn im Winter. Im Frühjahr holt man dieses Präparat heraus und mischt eine winzige Menge davon in einen Misthaufen oder einen Kuhfladen, den man anschließend in Wasser dynamisiert und zu bestimmten Zeiten auf die Böden verspritzt.

Das ist das Prinzip. Der Durchgang der Pflanze durch ein tierisches Organ dient also dazu, einen bestimmten Prozess zu aktivieren oder zu verstärken. Manche Pflanzen werden ohne die Hilfe eines Organs verwendet (die Brennnessel oder der Baldrian), andere kommen in unterschiedliche Organe hinein. Für die Schafgarbe wurde die Blase des Hirschs gewählt. Ein Tier, das über seine Geweihspitzen eine ungeheure Sensibilität erhält und in vielen

*Bild XIX: Wie kann man den Zustand der Materie (das dominierende Temperament) erkennen, der dem jeweiligen Tier entspricht, und so den richtigen Mist für unsre Weinberge wählen.*

Das Pferd: kann sich aufbäumen, weil seine Wärmekräfte es nach oben ziehen.

Dominant:
Fruchtungskräfte und Geschmack.

Die Ziege: auf ihren Hinterläufen, beim Blätterfressen. Sie ist der Wärme und dem Licht verbunden (nimmt heißes, trockenes wüstenartiges Klima und karge Bedeckung an). Sie trinkt sehr wenig.

Dominant:
Wärme/Licht. Ihre Kräfte sind auf Frucht und Blüte gerichtet.

Die Kuh.

Flüssige Dominante:
Kräfte auf die Blätter gerichtet.

Das Schwein.

Dominant:
Kräfte der Erde, Schwerkraft. Es ernährt sich oft von Wurzeln unter der Oberfläche. Seine Kräfte gehen in Richtung der Wurzeln.

Texten als Symbol auftaucht. Für den Löwenzahn nimmt man das Gekröse der Kuh, diese feine, kieselhaltige Gewebewand um ihren Darm. Die Eichenrinde kommt in den Schädel eines Haustiers, der als Behälter dient. Dabei geht das pflanzliche Kalzium der Eichenrinde (sie enthält 77 %) in Synergie mit dem Kalzium aus dem Tierreich, dem Schädel.

Dies alles ist leicht zu verstehen. Es gibt selbstverständlich viel fundiertere Erklärungen hierzu, die an dieser Stelle aber unnötig sind. Wenn man die spezielle Bedeutung und Lebenszusammenhänge jedes Organs und jedes Tieres, das für diese Präparate Anwendung findet, ansprechen will, wird alles sehr viel komplexer. Viele durchaus berechtigte Fragen können hier nicht berücksichtigt werden. Warum im Winter oder Sommer eingraben, ziemlich tief oder eher an der Oberfläche? In trockenem oder sehr feuchtem Boden, in fetter oder schlammiger Erde? Warum eine Kuh und kein Rind, warum eher ein Hirsch als ein Schwein usw.? Es genügt zu sagen, dass nichts dem Zufall überlassen wurde und dass jedes einzelne Detail von Bedeutung ist, um ganz präzise Wirkungen zu erzielen. Für diejenigen, die sich eingehender damit beschäftigen wollen, gibt es Hinweise im Anhang.

Mit den biologisch-dynamischen Präparaten nimmt man Synergien in Anspruch, die uns die Natur kostenlos zur Verfügung stellt, vorausgesetzt wir sind fähig, sie zu erkennen. Jedes Präparat schafft einen Empfangsbereich, einen „Aufenthaltsraum“ für Mikroben, die dann die spezifischen Kräfte für jede Pflanze aufnehmen können. Diese Buch soll nur eine Hilfestellung für den Weinliebhaber sein und ihm etwas besser erklären, warum die biologisch-dynamische Wirtschaftsweise tatsächlich Einfluss auf die Verbesserung des Weingeschmacks, seine Langlebigkeit usw. hat.

## Das Kuhhorn

Wir müssen noch ein sehr kostbares Organ erwähnen, das unsere „Verleumder“ gerne ins Lächerliche ziehen: das Kuhhorn. Man verwendet es für zwei Präparate.

Dieses Organ bedeutet einen ungeheuren Reichtum für die Kuh. Im Gegensatz zum Hirschgeweih, das wie Antennen wirkt, ist das Kuhhorn hohl. Laut Rudolf Steiner dient es in erster Linie dazu, Kräfteströme im Inneren zu behalten, die sonst entweichen würden, so aber von Hörnern und Hufen zurückgehalten werden.

*Die Göttin Hathor*

Das Horn wirkt von innen heraus wie ein Reflektor (Spiegel). Über seine Außenseite unterhält es die Verbindung des Tieres mit den sonnenhaften Auftriebskräften. Das sieht man auch auf der Abbildung der Göttin Hathor, die aus dem alten Ägypten stammt, und die die Göttin mit einem Kuhkopf zeigt, auf welchem sie eine Sonnenscheibe zwischen den Hörnern trägt. Dadurch kann die Kuh ihren schweren Kopf leicht und würdig tragen. Ihre Hörner sind durchdrungen von einem bestimmten Prozess, der besonders für die Winzer interessant ist, die ja ständig auf der Suche nach neuen Geschmacksvarianten sind. Natürlich wird heutzutage in der Ausbildung dazu geraten, die Hörner der Kühe abzuschneiden, was viele Züchter auch wirklich tun, bei vollem „Un"-bewusstsein.

Es stellt sich die Frage, wozu sind die Hörner da? In allen alten Gesellschaften wurde das Horn als Quelle des Reichtums betrachtet. Auf früheren Gemälden wurden so genannte Füllhörner dargestellt, aus denen Goldstücke und andere Wertgegenstände hervorquellen. Nur heute denkt niemand im Traum daran, dieses Symbol und die damit bezeichneten Kräfte zu untersuchen. In Dänemark verkauft man noch heute Hörner, schön gefasst in Silber, als Behälter für Wein oder Wasser; letzte Spuren einer vergangenen Zeit. Damals sagte man noch, um zu Tisch zu bitten: „Das Wasser ist im Horn". Man versetzte ja das Wasser mittels Frequenzen in Schwingung, die das Horn noch einige Jahre nach seiner Abnahme empfangen und bewahren konnte, und wenn man dieses Wasser trank, war man sich seiner heilsamen Wirkungen bewusst. In Georgien findet man heute noch schöne Kuhhörner, in Silber gefasst, und Hörner aus Ton, um daraus an Festtagen den Wein zu trinken.

*Verkauf von Weinhörnern auf einem Straßenmarkt in Georgien.*

Für eines der biologisch-dynamischen Präparate füllt man Kuhhörner mit Kuhmist (ohne Stroh) und vergräbt sie im Winter an einem sorgfältig ausgesuchten Platz. Wenn man neben diesen Hörnern einen kleinen irdenen Topf mit demselben Mist eingräbt und dann im Frühjahr, wenn man sie wieder ausgegraben hat, das organische Leben in jedem der beiden Mist- oder Fladenhäufchen analysieren lässt, dann findet man in dem Mist, der in den Hörnern war, siebzig Mal mehr an bakteriologischer Aktivität. Wieder einmal zeigt es sich, dass man mit einem richtigen Verständnis für unsere lebendige Umgebung ungeheure Kräfte mobilisieren kann, auf die unsere Pflanzen schon sehnsüchtig warten. Im Ganzen benötigt man nur den Inhalt von ein oder zwei Hörnern pro Hektar, also etwa 100 bis 150 Gramm Mist. Was bedeutet das, so wenig Substanz für einen ganzen Hektar? Auch das ist einfach. Ohne ins Detail zu gehen kann man sagen: Man dynamisiert diese Substanz in sechzig bis siebzig Liter lauwarmem Wasser eine Stunde lang.

Was ist das, diese Dynamisierung? Eigentlich nur ein Wirbel, eine Spirale, ein starker Vortex, den man mit einem Besenstiel erzeugt, wenn man von Hand rührt oder maschinell mit einem Dynamisator. In weniger als einer Minute, wenn dieser Wirbel fast den Boden des Behälters erreicht hat, kehrt man mit einer kräftigen Bewegung seine Richtung um und so weiter. Diese brutale Umkehr ruft ein so genanntes Chaos hervor, das unbedingt nötig ist. Das muss ich erklären. Wir haben von der „8“ geredet, die eigentlich nur ein Kreis ist, den man in sich verdreht hat. Diese Verdrehung kehrt die Rotationsrichtung der Energien in der unteren Hälfte der 8 um. Oben dreht sie von rechts nach links, unten dreht sie von links nach rechts. Diese Umkehr geht durch einen Punkt, in dem sich die zwei Kreise der Acht berühren. Und dort befindet sich auch das unumgängliche Chaos. Genau an dieser Stelle sind wir nicht mehr in der energetischen Welt – und noch nicht in der physischen. Dieses „Zwischen-zwei-Welten“ ist der Bereich des Chaos. Dort stößt das Kind bei der Geburt seinen ersten Schrei aus, dort verschlägt es dem Menschen augenblicklich die Sprache, bei seinem Tod. Diese brutale Umkehr, die manche beim Dynamisieren auslassen, ist wichtig, damit die Kräfte, mit denen die bio-dynamische Wirtschaftsweise arbeitet, sich hineinsenken können. Es entsteht eine Unordnung, die nach einer neuen Ordnung ruft, mit neuen Gesetzen, den Gesetzen der Erde.

Man kann Parallelen zum Labyrinth entdecken, von dem wir auch schon gesprochen haben. Das Labyrinth verwirrt uns erst einmal, mit seinen vielen Schlingen. Sie bringen uns aus dem Konzept, wodurch die edlen Kräfte, welche die Baumeister früher noch hereinrufen konnten, umso besser in uns wirken können. Schließlich sieht man das auch im Alltag: Ein Drama und das daraus entstehende Chaos schaffen manchmal eine Öffnung, eine totale Kursänderung, die Geburt von etwas Neuem. Das ist der Sinn des Lebens, ebenso wie unsere Irrtümer.

Um auf das Dynamisieren zurückzukommen: Dort bewirkt die kräftige Bewegung, dass die Eigenschaften des Horns in das Wasser übergehen, das man anschließend auf die Böden sprüht. Oft zeigen sich die Kräfte, die hinter dem sichtbar Lebendigen verborgen sind, auf der physischen Ebene in Form von Spiralen. Man sieht zum Beispiel in der Rosenknospe die wunderbar sich auswickelnde Spirale, in der Anordnung der Samen einer Sonnenblume oder in der Linie der Triebe um den Stängel mancher Pflanzen wie des Rosenstocks; auch andeutungsweise in den Wirbeln, die sich im Fell der Tiere oder den Haaren auf dem Kopf des Menschen bilden. Auf manchen Menhiren sind sie eingemeißelt, was uns zeigt, dass der Mensch früher eine Ahnung von ihnen hatte; und dann in Muscheln, in Windhosen, in den Galaxien etc. Überall in unserer Umgebung werden diese Spiralen sichtbar, sobald wir darauf achten.

Beim CNRS laufen zurzeit Versuchsreihen zur Spirale. Im Buch von Theodor Schwenk, *Das sensible Chaos,* sind viele Illustrationen dazu. Was zeigen sie uns? Im Grunde einen Makrokosmos, der Mikrokosmos wird; eine Peripherie, die zum Zentrum wird; Übersinnliches, das auf den Punkt kommt (das Zentrum einer Spirale), also Materie wird.

*Bild XX: Ein Makrokosmos wird Mikrokosmos. Eine zerstreute, periphere Welt konzentriert sich im Punkt. Die Nicht-Materie, das Prinzip, wird Materie, Inkarnation des Lebens.*

*Bild XXI: Keltische Spiralen.*

Die Spirale beschreibt eine Inkarnationsbewegung, wenn sie sich im Uhrzeigersinn dreht, und eine Exkarnationsbewegung im Gegenuhrzeigersinn – solange wir uns auf der nördlichen Hemisphäre aufhalten. Viele Weinkenner spüren das instinktiv und lassen den Wein im Glas rechtsherum kreisen, wie um seinen Duft besser herauszulösen. Wie könnte man auf der südlichen Halbkugel damit umgehen, wo man ihn eigentlich andersherum (gegen den Uhrzeigersinn. So löst man, was vorher gebunden ist) kreisen lassen müsste, um ihn zu öffnen?

## Anwendung und Eigenschaften der biologisch-dynamischen Präparate

Man bringt das „Hornmist"-Präparat abends aus, wenn die untergehende Sonne die Atmosphäre mit dem Tau Richtung Erdinneres zieht.
Um seine Wirkung zu verstehen, muss man sich nur klarmachen, dass jeder Tropfen dieser Flüssigkeit ein Lebensträger ist, der hauptsächlich über Mikroben unseren Boden anregt und ihm hilft, die Mykorrhiza zu entwickeln, von der wir schon gesprochen haben. Wenn Sie sich erinneren möchten: Je intensiver das Bodenleben, desto besser können die Wurzeln des Weinstocks alle mineralischen Bestandteile aufnehmen. Man bringt also Prozesse in den Boden, durch die sich erst einmal alle möglichen Kleinstlebewesen ansiedeln, die über den Winter in einem Horn unter der Erde „aktiviert" wurden. Das heißt, das Horn wirkt auf den Mist, den man hineinfüllt, wie eine Brutstätte für Mikroorganismen.

Jedes bio-dynamische Präparat transportiert eine andere Botschaft, mit der man nach dem Dynamisieren den Boden impft. Man regt so Lebensprozesse im Boden an, die sich nur dann entwickeln, wenn das Terrain „auf Empfang" geht und sie aufnimmt. Damit das funktioniert, muss der Boden natürlich frei sein von all den furchtbaren Giften, die für den Menschen allmählich tödlich werden, aber in der Landwirtschaft immer noch empfohlen werden als Herbizide, Pestizide usw. Man kann nicht einerseits Lebensprozesse anregen und andererseits Todesprozesse ausbringen und dann auf qualitative Ergebnisse hoffen. Dies gilt auch für die so genannte nachhaltige Landwirtschaft, wo man versucht, Chemie zu verwenden, die weniger giftig ist, oder weniger von der giftigen Chemie. Das alles sind Misstöne, Blockaden, Hindernisse für die volle Entfaltung eines Systems, das die Wissenschaft nicht kennt. Man muss also die eine oder die andere Methode wählen, um zu Ergebnissen zu kommen und man kann sie nicht vermischen.

Dass Horn die Fruchtbarkeit anregt, ist seit dem Altertum bekannt. Man kann es in allen Genossenschaften kaufen, in Form von Spänen oder Pulver. Anbei sei bemerkt, dass man auch diese Tierprodukte seit Neuestem chemisch behandelt (infolge all der Missverständnisse zum Thema Rinderwahn, BSE), was ihre Wirksamkeit bedeutend schmälert. Es ist interessant festzustellen, dass man in Frankreich oft, wenn ein natürliches Produkt einen signifikanten Erfolg hat, sogleich einen Vorwand findet, um diese Wirkung wieder einzudämmen (selbstverständlich in bester Absicht). In diesem Zusammenhang seien die Probleme mit der Erstattung der Kosten für homöopathische Mittel erwähnt, die seit Ewigkeiten angewandt werden und im Ausland immer noch anerkannt sind.

Der einzige, aber wesentliche Unterschied zwischen Hornspänen und diesem biologisch-dynamischen Präparat besteht darin, dass man in der biologisch-dynamischen Wirtschaftsweise das Horn hauptsächlich als Gefäß für den Kuhmist verwendet und nicht als Substanz zum Ausstreuen. Der Mist, den man ins Horn füllt, wird im Winter von den Kräften oder Energien des Horns und der Erde durchdrungen. Ein derart verwendetes Horn bleibt drei bis vier Jahre aktiv.

Auch zur Herstellung eines anderen Präparats dient das Horn: Anstatt mit Kuhmist füllt man es mit Quarz, also Kiesel, in Form von sehr feinem Pulver. Unser Planet, die Erde, enthält große Mengen Kiesel, der eine wichtige Rolle für das Gleichgewicht in der Natur spielt, auch wenn er uns eher passiv vorkommt, sagte Rudolf Steiner. Der Kiesel wirkt als Bindeglied, wie ein Relais oder eine Antenne, das bestimmte Kräfte auffängt, die aus dem Sonnensystem kommen. Welcher Wissenschaftler könnte uns heute sagen, was aus der Erde geworden wäre ohne Verbindung zum ganzen Sonnensystem und nicht nur allein zur Sonne?

Für dieses Präparat füllt man das Horn mit Quarzpulver und vergräbt es in der Erde, diesmal im Sommer. Wenn man dieses Pulver wieder herausholt, ist es wie aufgeladen mit Energien, Frequenzen, mit präzisen Informationen. Das Wort „Information" macht vielleicht manchen Angst, und doch weiß inzwischen jeder, dass Quarz und Silizium in der Informatik als Informationsträger verwendet werden oder dass man sie aufladen kann als Batterien für unsere Armbanduhren oder andere Apparate. In unserem Fall kommt die „Ladung" oder die „Information" aus der Natur und wird über das Horn und über den Boden weitergeleitet, in dem es eingegraben ist – dieses Mal im Sommer, denn dieses Präparat ist für die Blätter und die Photosynthese bestimmt. Einfach, oder nicht?

Bei der Anwendung dieses Präparats werden wir uns auf unendlich kleine Mengen beschränken, einige Gramm pro Hektar. Wenn es um Frequenzen geht, redet man nicht mehr von Gewicht, das ergäbe keinen Sinn. Mit der biologisch-dynamischen Wirtschaftsweise bewegt man sich überhaupt nicht mehr auf einer quantitativen Ebene. So verhält es sich auf energetischem Gebiet, wie Sie wohl selber wissen. Man berechnet Ihnen Ihre Handygespräche auch nicht nach Wellen-Gewicht, 2 g für Paris oder 100 g für New York. Auch die Fernsehsendungen werden nicht nach Gewicht geliefert, und doch sehen Sie deren Wirkungen deutlich vor sich. Wenn Sie das Radio einschalten, können Sie auf bestimmten Frequenzen verschiedene Sender einstellen. Das kommt Ihnen alles ganz normal vor, einfach weil Sie daran gewöhnt sind. Sie brauchen sich nur vorzustellen, dass sich das Leben nach ähnlichen Gesetzen auf der Erde manifestiert, wenn es ab der Frühlingszeit als Wirkung in der Materie sichtbar wird. Das bedeutet aber auch, wenn wir das Verständnis für das Leben einer Pflanze in ihr selbst suchen – was das heute übliche wissenschaftliche Vorgehen ist –, ist das etwa genauso dumm, wie den Nachrichtensprecher hinter dem Fernsehapparat zu erwarten. Der ist weit entfernt. Die Pflanze und der Samen sind nur die Empfänger, die Bindeglieder zu einem weitläufigen System, das man erst durchschauen muss, ehe man es verwenden kann. Und, wie gesagt, auch die Gene sind nichts weiter als Zwischenstationen, die folgsam empfangene Anweisungen ausführen. Die biologisch-dynamischen Präparate wirken wie Relais, die bestimmte Energien und Prozesse mobilisieren und weiterleiten, welche die Pflanze empfangen sollte. Heutzutage können sie wegen all des energetischen Durcheinanders in den Böden und der Atmosphäre leider nicht mehr so gut fließen wie einstmals. Bis vor kurzem hat man, energetisch gesehen, die Atmosphäre als unsere Müllhalde betrachtet und erwähnt immer nur ihre physisch-materielle Seite. Und dennoch gibt es inzwischen geheime Waffen, die fundierte Kenntnisse über diese energetischen Bereiche voraussetzen. Es ist heute immer noch erlaubt, alle möglichen Frequenzen in der Atmosphäre einzurichten, von hoch bis tief, ohne sich im mindesten um die direkten Auswirkungen auf alles Lebendige zu kümmern. Doch es gibt kein ernstzunehmendes Budget für Gesetzesvorlagen, die sich entschieden anti-ökonomisch auswirken würden, und wenn es sie gäbe, dann würden wohl gut organisierte Lobbies dafür sorgen, dass die Forschung zu den „richtigen" Schlussfolgerungen kommt. Man könnte meinen, dass unsere Regierungen nur der Spielball dieser Organisationen seien. Aus Respekt für die kommenden Generationen muss das einmal ausgesprochen werden.

Jedes biologisch-dynamische Präparat ist also Träger eines bestimmten energetischen Prozesses. Es wirkt wie ein Empfänger oder ein Vektor (energetisches Transportmittel). Das Besondere an der biologisch-dynamischen Wirtschaftsweise ist, dass sie ihre Informationen energetisch an das unsichtbare, aber reale System heranträgt, das unermüdlich Leben auf die Erde und in die Pflanzen bringt, es damit anregt und in eine bestimmte Richtung leitet. Die bio-dynamische Wirtschaftsweise wirkt dort, wo das Leben noch nicht Materie geworden ist. In einigen Jahrzehnten wird uns das völlig normal erscheinen.

Der Quarz transportiert also auf energetischem Weg eine Information in Richtung Horn und sommerliche Erde. Dann streut man ein paar Gramm davon in Wasser, dynamisiert etwa eine Stunde lang und spritzt es dann frühmorgens auf die Blätter – dieses Mal nicht auf den Boden, wo es eine unerwünschte Wirkung hätte. Frühmorgens, weil dann die aufgehende Sonne quasi ein Frühjahr einleitet. Die Sonne zieht die Säfte nach oben und verbindet die Pflanze mit den Kräften, die von dort kommen.

Was tut man eigentlich, wenn man dieses Präparat anwendet? Man gibt mit dem Quarz Impulse an die Lichtempfindlichkeit der Luft. Mit unserer heutigen, etwas tristen Terminologie könnte man sagen: „Es folgen die Licht-Nachrichten“ oder „Man aktiviert die Photosynthese“. Wenn man den Zeitpunkt gut gewählt hat, kann man außerdem die Verbindung zu den Kräften verstärken, die den Geschmack bewirken. Es ist ein ungeheuer wirkungsvolles Präparat. Es kann der Rebe auch dabei behilflich sein, überflüssiges Wasser abzustoßen oder sie vor Sporen schützen.
Wir werden hier nicht weiter ins Detail gehen. Doch müssen wir uns klar sein, dass man heutzutage vorsichtig mit diesem Präparat umgehen sollte, denn wir haben nicht mehr dieselbe Atmosphäre wie 1924, als Rudolf Steiner bei Graf und Gräfin Keyserling den biodynamischen Kurs abgehalten hat.

Nun wissen Sie genug über die biologisch-dynamische Wirtschaftsweise, um ihr Grundprinzip zu erkennen; um zu verstehen, wie sie wirkt; dass sie, wenn Sie so wollen, sich damit begnügt, die Rebe wieder an Prozesse anzuschließen, die es schon seit Urzeiten in der Natur gibt und welche die bio-dynamische Wirtschaftsweise wieder aufleben lässt. Sie richtet sich für ihre Zwecke keine Frequenzbereiche in der Atmosphäre ein, wie man es für Mobiltelefone macht. Sie begnügt sich mit den von der Natur eingerichteten Mitteln, die allem Leben auf der Erde dienen, und fördert sie.

Fassen wir zusammen: Man streut also Präparate auf Pflanzenbasis in sehr geringen Mengen in den Misthaufen oder in einige Kilo Kuhfladen ein, die dort als Katalysatoren für Prozesse wirken, welche die Pflanze zu ihrer Entfaltung auf der physisch-materiellen Ebene braucht. Es sind Kali- (Potassium), Kalk-, Eisen-, Kiesel-, Phosphor- und die Fruchtungsprozesse, zu denen alles gehört, was das Wachstum der Blätter und Zweige stoppt und die Fruchtentwicklung unterstützt. Wir ersparen uns die weiteren Details. Zum Verständnis der Präparate genügt die Vorstellung, dass sie in einem Misthaufen ähnlich wirken wie die Organe im tierischen Körper, jedes mit seiner speziellen Aufgabe. Mithilfe einer vielfältigen, hochspezifischen Mikrofauna verstärken sie im Boden und in der Pflanze ganz bestimmte Kräfte. Wenn ein Misthaufen geimpft wurde, dann breitet man ihn im Herbst aus und arbeitet ihn auch

in den Boden ein. Hat man kleine Fladenmengen präpariert, so dynamisiert man zuerst und verspritzt sie dann über den Boden. Auch für diese Arbeit ist der Herbst der günstigste Moment. Zu diesem Zeitpunkt steigt die Sonne über der südlichen Hemisphäre auf und zieht dadurch auf der nördlichen alles nach unten. Dadurch wird der Boden bereit zu „empfangen“ oder die Impulse in sich aufzunehmen, die man ihm bietet. Später, wenn mitten im Winter die Kälte vorherrscht, kristallisiert die Erde und wird, über diese Kristalle, für Botschaften aus fernen Welten erreichbar. In dieser Zeit lässt sie die meisten Funktionen ruhen, um offen zu sein für diese Inspiration.
Der Winter ist eine wertvolle Zeit, in der sich alles jenseits des Physischen abspielt, das nur scheinbar schläft. Das ist der Moment, in dem alles Leben zum Teil von der Materie entbunden ist und nur noch energetisch anwesend; wo wir uns, laut Rudolf Steiner, nur über unser Denken einstimmen könnten auf unseren Betrieb, auf unsere Weinberge, um sie zu harmonisieren. So verbrachten früher die Bauern ihre Winterabende, an denen man sich der Reihe nach beim Nachbarn traf: Man hörte zu, man dachte nach, man konnte die Dinge anders begreifen als über den Intellekt. Wenn man diese eher meditativen Hinweise vertieft, öffnet sich ein noch jungfräulicher Raum von Möglichkeiten, die der Mensch mit der Zeit entwickeln könnte, wenn er denn nur wollte. Mit dem so genannten „grünen Daumen“ haben wir ein noch unbewusstes Talent. Über das Denken wird der Mensch sich diese Fähigkeiten nach und nach bewusst erobern.

## Besondere Wirkungen der Horn-Präparate

Die beiden Präparate, die man im Horn zubereitet, werden sehr unterschiedlich eingesetzt.
Das Hornmistpräparat wirkt eher als Wachstumsträger, vom Boden aus. Es regt das Bodenleben an und verbindet dessen intensives Mikrobenvorkommen mit den Wurzeln des Weinstocks. Das Präparat hilft ihm also, seinen physischen Leib wieder aufzubauen, von dem nach dem Schnitt nur noch die Unterlage übrig ist sowie einige Augen am Holz vom vorigen Jahr. Es muss also Anfang Frühjahr ausgebracht werden, wenn die Knospen gerade aufgehen.

Das Kieselpräparat wirkt über das Licht und hat einen völlig *unterschiedlichen Einfluss, je nach der Jahreszeit, in der man es ausbringt*. Die Rebe macht ja auch nicht dasselbe im Frühjahr wie im Herbst. Eigentlich begleitet dieses Präparat die Rebe bei ihren täglichen Aufgaben. Im Frühling, wenn die Rebe im vollen Wachstum steht und Substanz für Ranken und Blätter schaffen muss, hilft es ihr von oben, durch die Photosynthese. Ein paar Wochen nach der Sommersonnenwende, wenn die Tage wieder kürzer werden, ist die Rebe vollauf damit beschäftigt, ihre Trauben reifen zu lassen. Spritzt man das Kieselpräparat zu diesem Zeitpunkt, dann unterstützt es die Zucker- und Geschmacksproduktion durch die Lichtanteile der Luft. Denn Licht und Wärme bringen über die Luft die Kräfte des Sonnenraums zu ihr und schaffen Geschmack, Gerüche und Düfte.

Vielleicht verstehen sie jetzt besser, dass man nicht nur deshalb biologisch-dynamisch wirtschaftet, um einen guten Wein zu bekommen, sondern auch, um zu durchschauen, welche Prozesse dabei ablaufen!
Was dem Winzer hilft, die richtigen Entscheidungen zu treffen, ist sein Verständnis für die Präparate, den Standort, die Lebensäußerungen des Weinstocks, die Rebsorten, die Wachstumskräfte des Bodens und das klimatische Profil des Jahrgangs. Dann kann er die Anwendung der beiden Horn-Präparate variieren, je nachdem, ob er eine physisch mehr oder weniger entwickelte Rebe will oder, wenn Sie so wollen, mit mehr oder weniger entwickelter „dionysischer Kampfkraft“. Im Extrem kann er dadurch entweder einen großen Weinstock mit glänzenden Blättern fördern, dessen Fruchtungs- und Geschmackspotenzial durch diesen Überschwang aber schwindet. Oder er erhält, im anderen Extrem, einen eher kleinen Weinstock mit mageren Ranken und einem Wein von außerordentlicher Schönheit.

Üppiges Wachstum und gehaltvolle Früchte sind ein Gegensatz. Diese beiden Extreme sieht man allerdings ziemlich oft.

## Wie kann der Landwirt wieder kreativ werden?

Die biologisch-dynamische Wirtschaftsweise ist die erste seit mehreren Jahrhunderten, die dem Landwirt Hinweise gibt, wie er auf das Verhalten seiner Pflanzen anders als mit rein physikalischen Maßnahmen einwirken kann, denn damit sind seine Möglichkeiten äußerst beschränkt. Diese Anbaumethode bietet ihm beinahe künstlerische Freiheit, um die Frage zu beantworten, welche Unterstützung eine Rebe zu ihrer vollen Entfaltung braucht. Die Auswahl ist groß.

Man kann ihre Verbindung zu bestimmten Prozessen verstärken, zu denen sie nur wenig Zugang hat: zum Kieselprozess zum Beispiel. Warum wenig oder mehr „Zugang"? Weil die Erde einfach nicht mehr dieselbe ist wie früher. Auch die Erde altert, sie hat nicht mehr die unerschöpfliche Wachstumskraft wie vor einigen Jahrtausenden, als sie noch riesige Bäume hervorbrachte – schauen Sie nur, wie dick die Kohleschichten sind – und enorme Tierformen.
Und dann, hauptsächlich, weil unsere „Fortschritte" auf der materiellen Ebene sich meist auf der energetischen Seite sehr verhängnisvoll auswirken. Erste Forschungen sind im Gange, aber, wie ich schon öfter erwähnt habe, wird wohl eine mächtige Lobby versuchen, diese Studien so lange wie möglich zum Schweigen zu verurteilen. Ich sage dies ohne jeglichen politischen Hintergedanken, denn die Ökologie darf nicht politisiert werden!

Das Gute daran ist – denn alles hat auch seine gute Seite – dass dies alles den wahrhaften Winzern und Landwirten ungeahnte qualitative Möglichkeiten eröffnet, die allmählich auch die Verbraucher auf der ganzen Welt schätzen lernen. Mit Hilfe der biologisch-dynamischen Wirtschaftsweise kann man am selben Ort den Wein mehr oder weniger durchlichtet ausbauen, mehr oder weniger erdverbunden, mehr oder weniger blumig usw.
Wäre es nicht sogar die Aufgabe der Winzer, deren wirtschaftliche Lage seit zwei Jahrzehnten, im Vergleich zu den Landwirten, doch ziemlich privilegiert ist, mit solchen Nuancen darauf hinzuweisen, was in ihren Weinen steckt. Jedoch auch, dass man die Feinheiten, die einen Wein zum AOC machen, ebenso bei Milch, Gemüse oder Obst findet? So könnte man den Verbraucher dazu anregen, seinen

Enthusiasmus beim Einkauf auf ein sinnvoll gewähltes Lebensmittelangebot auszuweiten, das die ganze ursprüngliche Geschmacksbreite bietet, welche die irdischen Kräfte uns schenken – wenn wir uns in richtiger Weise an sie wenden.

Wenn es einem Winzer wichtig ist, kann er sehr kreativ werden und noch andere Maßnahmen anwenden, die auch kein Geheimnis sind. Man kann zum Beispiel Kräutertees im Weinberg ausbringen, um ihn in seinen Funktionen zu unterstützen, wenn die klimatischen Bedingungen schwierig werden. Die Rebe ist ein lebendiges Wesen. Viele meinen, sie erfülle alle ihre Aufgaben ganz automatisch, aber weit gefehlt. Zum Beispiel ist es eine äußerst schwierige Arbeit, den Zucker in einer Traube entstehen zu lassen. Mit Hilfe der Süße des Hagebuttentees kann man diese Zuckerproduktion einige Wochen vor der Weinernte anregen.

Man kann die Rebe auch gegen aggressive Sonneneinstrahlung schützen, die als Folge unserer unvernünftigen Handlungen immer saurer wird. Hierzu verwendet man einen Aufguss von Algen, Aloe oder dynamisierter Heilerde. Alle diese Anwendungen vergiften die Reben nicht, wie es die chemischen Syntheseprodukte tun, die man bei rein äußerlichen Pflegearbeiten verwendet. Die Wirkung der Kräuterauszüge beruht auf den Reaktionen – Sympathie, Antipathie – der Rebe selbst.

Man könnte sich auch noch fragen, welches Tier am besten zu unserem Platz passt, denn es hat eine ähnliche Aufgabe wie ein Organ oder eine Antenne in dem „lebendigen Organismus", als den wir einen landwirtschaftlichen Betrieb betrachten sollten. Die Anwesenheit und der Dung eines bestimmten Tiers haben natürlich einen direkten Einfluss auf den Geschmack des Weins. Auch das Tier lebt zwischen den vier Zuständen der Materie, und die jeweils vorherrschende Dominante bestimmt dann seine Wirkung auf Wurzeln, Blätter, Blüh- oder Fruchtungsfähigkeiten. Unter diesem Aspekt gibt der Pferdemist dem Wein einen besseren Geschmack als der des Schweins. Wir müssen uns das bewusst machen und solche Synergien wieder entdecken, um alle Komponenten des Lebendigen in einen harmonischen Zusammenhang zu bringen.

## Verstehen, um anders handeln zu können

Eine der wichtigsten Botschaften, die uns Rudolf Steiner mit der biologisch-dynamischen Wirtschaftsweise hinterlassen hat, ist, dass sie nie „gegen“ eine Krankheit, sondern immer „für“ ein besseres Gleichgewicht arbeitet – was den Begriff „Krankheitserreger“ eigentlich unnötig macht. Die Vorstellung eines landwirtschaftlichen Organismus ist dabei entscheidend. Dafür sollte man vielleicht sogar einen Teil AOC-Boden opfern, für ein Feld, einen Wald, ein Stück Brachland oder wenigstens für einen Baum! Jeder Lebensentwurf, jede Tier- und Pflanzenart wird eine andere Fauna mit sich bringen, die dann als Vögel, Insekten, Mikroben etc. eine Symbiose mit unseren Böden und ihrer Mykorrhiza eingehen, welche für die volle Entfaltung aller Rebqualitäten bis hin zum AOC unerlässlich ist. Alles, was wir tun, sollte nicht nur Krankheitsrisiken einschränken, sondern vielmehr die Bedingungen für ein Zusammenleben verbessern, in dem Schönheit, Düfte, Farben und auch die Gesundheit entstehen können. Gäbe es eine Vogelgrippe-Gefahr, wenn das Geflügel nicht zu zehnt oder zwanzigst pro Quadratmeter gehalten würde? Hatte ein einziger Amtsveterinär den Mut, dies auszusprechen? Und hätte es einer getan, hätte er nicht wohlmöglich seine Arbeit verloren? Steht die Ausbildung im Bereich der Tiergesundheit nicht schon auf dem Gipfel des Materialismus und der intellektuellen Austrocknung? Schauen Sie sich all die jungen Kühe an, die mit Silage abgefüllt (gemästet) wurden – Milchertrag verpflichtet! Spätestens mit sieben Jahren müssen sie geschlachtet werden, damit ihre Leberzirrhose nicht zu sehr auffällt, die sie unverkäuflich machen würde. Und weiterhin füttert man ihnen tierisches Eiweiß, auf 600° erhitzt, um – vorläufig – der Kuh eine Ansteckung mit „Wahnsinn“ zu ersparen! Man will einfach nicht begreifen, dass pflanzliches und tierisches Eiweiß verschiedene Eigenschaften haben und dass die Kuh kein Fleischfresser ist!

Die Drehkrankheit der Schafe, die Schweinepest etc., die Liste ist lang und teuer. Sind nicht einmal die Kosten eine Motivation? Das alles zeigt doch deutlich, dass das ganze Ausbildungssystem versagt hat, weil bei der Suche nach dem unendlich Kleinen alles Wissen auf der Strecke geblieben ist.

Inzwischen wurden schon so viele Fehler gemacht, dass man als beitragspflichtiges Mitglied doch Zweifel äußern muss, wenn eine Institution wie das Veterinäramt bei so etwas Unverantwortlichem wie der Massentierhaltung nicht eingreift und sich damit eigentlich auf Seite solcher Erzeuger stellt. Die unzähligen Konsequenzen, die für den Menschen aus diesem barbarischen Fehlverhalten entstehen, sind nur durch einen übertriebenen Gebrauch von Antibiotika vertuscht. Die vorgeschriebenen Lehrinhalte sind so eng gefasst, dass die Mitglieder dieses Berufsstands – zum Glück gibt es immer Ausnahmen – manchmal wie willenlose (unüberlegte) Folterknechte wirken, die ständig irgendwelche Symptome mit allen möglichen Medikamenten und Impfungen verfolgen , die wiederum gefährliche Nebenwirkungen mit sich bringen. Nur um die Ursachen kümmert sich niemand! Wann haben sie endlich den Mut und auch den Sachverstand auszusprechen, dass fünfzehn Hühner pro Quadratmeter zuviel sind, dass ein Schwein auf zwei Quadratmetern eine Schande ist! Warum setzen die Veterinäre kraft ihres Amtes nicht anständige Zuchtnormen aus wissenschaftlichen Untersuchungen fest? Sie sind schließlich für die Tiere da – und auch für den Menschen, der sich von diesen Tieren ernährt.

Welches geheime Räderwerk befördert die Chefs dieser teuren, störenden Ämter an ihre Plätze? Und falls wir die Zerstörung des ganzen Systems, das die Erde wirklich am Leben hält, überleben, dann werden sie noch behaupten, das sei nur ihr Verdienst! Das sind dieselben, die gegen die Rinderbremse – eine einfache Bremse, die sticht – ein gefährliches Insektizid verordnet haben, das innerlich verabreicht wird und das Sie jetzt mit Ihrem Fleisch essen, ohne es zu merken. Und das unter dem Vorwand, dass die Kuhhaut weniger an Wert verliert ohne die Stiche. In diesem speziellen Fall muss man ehrlicherweise zugeben, dass auf das couragierte Eingreifen eines weltoffenen, humanen Präfekts hin die Bio-Landwirte des Départements die Erlaubnis erhielten, sich diesem absurden Gesetz zu entziehen. Ein Gesetz, das indirekt auch mit dem Betreiben mächtiger Lobbies zusammenhängt.

Das neue Spielzeug, das man – nicht ohne Hintergedanken – diesen Ämtern in die Hände gegeben hat, ist der Chip, den man den Tieren unter die Haut pflanzt. Damit zwingt man ihnen einen fremden Rhythmus auf, der ihre Gesundheit zerstört. Eigentlich setzt man ihnen einen Mini-Computer ein. Das kommerzielle Argument hinter diesem angeblichen Fortschritt ist, dass damit kein Tier mehr gestohlen werden könnte. In Wirklichkeit ist es für den potenziellen Dieb absolut kein Problem, diesen Chip zu finden und herauszunehmen. Es ist ein neuer lukrativer Markt.

Leider sind die Beispiele von Entgleisungen so zahlreich, dass endlich etwas getan werden muss. „L'appel de Paris“ (Der Aufruf von Paris), eine Petition, die von bekannten Onkologen und anderen Persönlichkeiten an öffentliche Einrichtungen (wie das Gesundheitsministerium) adressiert wurde, zeigt, wie man angemessen und wirkungsvoll handeln kann, um solchem Missbrauch den Riegel vorzuschieben. (Grund für diese Petition war die Beunruhigung über die wachsende Zahl an Kindern, die von Krebs betroffen sind.)

Dasselbe Problem haben wir im Weinbau, in der Landwirtschaft und in der Viehzucht. Soll man die Ursache oder die Wirkung behandeln? Was nennt man Gesundheit?
Wenn man weiterhin nur die Folgen von irgendwelchen absurden Praktiken ausmerzt, wird es nie einen grundlegenden Fortschritt mit Nahrungsmitteln geben, die Gesundheitsträger sind.
Sollte man einen Prozess anstrengen, um zu beweisen, dass es den Vogelgrippe-Virus, der bestimmt zum Verkauf von über einer Milliarde Impf-Einheiten geführt hat, schon lange vorher gegeben hatte? Dass die Vögel ihn schon seit Jahrzehnten in sich tragen, aber nur ganz wenige daran sterben? Dass die Aufgabe dieses Virus eigentlich darin besteht, *gefährlich zu werden, wenn die vom Menschen auferlegten Zuchtbedingungen zum Wahn führen?* (S. Anhang: Die Vogelkrise.)

Ich bedaure, so weit vom Thema Wein abgekommen zu sein, doch wenn man vermeiden will, dass diese Tragödien sich auf einmal mit exponentieller Geschwindigkeit ausbreiten, muss man den Verbraucher warnen! Das empfinde ich als eine Bürgerpflicht. Der Verbraucher sitzt nämlich im Endeffekt am längeren Hebel, da ja all diese Abartigkeiten hauptsächlich lukrative Ziele haben. Deshalb muss man ihn über die Hintergründe aufklären. Sobald er nämlich sein Kaufverhalten ändert, fallen im selben Augenblick alle Strategien und Machenschaften in sich zusammen. Das betrifft sogar Bio-Betriebe, in denen man auch Hühner finden kann (sechs pro Quadratmeter, immerhin), die völlig am Ende sind.

Jetzt sollten wir noch von dem System sprechen, von dem das Leben und die Gesundheit kommen und das ich schon öfter erwähnt habe, ich meine natürlich das Sonnensystem. Was bedeutet es für die Erde? Warum gehört die Erde überhaupt zu einem Sonnensystem? Was wäre die Erde ohne Sonne?

# Das Sonnen- und Sternensystem und seine Wirkungen auf die Erde

In unserem Alltag hat für uns meist nur die sichtbare Sonne Bedeutung und kaum das ganze Sonnensystem, mit allen Planeten und der Erde, die eigentlich mit dazugehören. Ein Bewusstsein von der Sonne entwickelt sich eher in ihrer Abwesenheit, die man ziemlich schnell als grausamen Mangel empfindet, als in ihrer Gegenwart, in der wir nicht mehr viel denken. Außer auf die Sonne achten wir vielleicht manchmal auf den Mond, der unsere Bewunderung als orangeroter Vollmond erregt. Aber damit erschöpft sich für die meisten von uns das Sonnensystem.

Spricht man jedoch von „System", so ist gemeint, dass alle Einzelteile aufeinander angewiesen sind wie in einem lebendigen Organismus, in dem auch jedes Organ auf seine eigene Weise zu einem Gesamtwerk beiträgt, das viel mehr ausdrückt als die Summe seiner Teile. So bildet die Erde eine Synergie mit jedem der „Teilnehmer" des Sonnensystems, inbegriffen die Planeten mit gegenseitiger Wechselwirkung. Eine Gruppe skandinavischer Wissenschaftler hat festgestellt, dass auf jede Atomexplosion auf der Erde hundert Tage später, glaube ich, bestimmte Signale auf der Sonne folgten. Solche Zusammenhänge müssen wir in Zukunft noch besser durchschauen, und es macht Mut, wenn man merkt, dass schon jemand die Arbeit in Angriff genommen hat.

Um die Kartesianer unter uns zu beruhigen, müssen wir uns zuerst fragen, wie solche Effekte überhaupt bis zur Erde kommen können. Unsere erste Reaktion ist doch, dass etwas, das Millionen von Kilometern weit entfernt ist, nicht wirklich unsere physische Umgebung oder uns selbst spürbar beeinflussen kann. Der wunde Punkt ist, dass der Mensch sich einreden lässt, seine Wahrnehmungsfähigkeit sei auf die physische Welt beschränkt. In diesem Buch haben wir mehrfach darauf aufmerksam gemacht, dass die lebensspendenden Kräfte nicht aus der Materie kommen, sondern aus komplexen, gut organisierten, energetischen Bereichen. Diese teilen sich über Frequenzen und Wellen mit, deren Identifikation inzwischen auch wissenschaftlich verfolgt wird.
Benutzen wir denn nicht genau dieselben Energien, wenn wir von der Erde aus einem Roboter auf dem Mars oder in einem Satelliten um den Saturn Anweisungen geben können, die er ein paar Sekunden später ausführt?
So wirkt auch die Sonne auf die Erde mit verschiedenen Wellenlängen. Bringt uns das nicht auf ein- und dieselbe energetische Ebene mit ihr? Und warum sollte das nicht auch gegenüber den anderen Komponenten des Sonnensystems gelten, den Planeten oder dem noch weiter entfernten Sternenverbund, dem Zodiak, oder Tierkreis? Wir müssen uns immer wieder ins Gedächtnis rufen, dass unsere Sinne nur einen verschwindend kleinen Teil dessen wahrnehmen, was in unserer Umgebung existiert.

Wir sollten auch immer gegenüber der Tatsache aufmerksam bleiben, dass die Atome nur dank gewisser energetischer Kräfte zusammenhalten und so die Materie in Erscheinung treten lassen, was sie ja erst für unsere Sinne erreichbar macht – denn eigentlich ist sie nichts als Schwingung, deren ständige Bewegung wir nicht wahrnehmen können. Die Zellen bilden ihre Verbände je nach den Informationen, die sie erhalten; es ist unglaublich interessant, die Metamorphosen in der Embryologie, die wir ja auch schon erwähnt haben, unter diesem Aspekt zu beobachten. Rudolf Steiner hat diesen Zusammenhängen ein ganzes Buch gewidmet und verweist oft darauf bei medizinischen Themen, um die geheimnisvollen Entsprechungen bestimmter Organe zu erklären, die auf den ersten Blick nichts miteinander zu tun haben. Das ist die Medizin von morgen.

Die gesamte Erde, bis in den hintersten Winkel, wird pausenlos mit Lebenskräften bestrahlt (bombardiert), das heißt mit allen möglichen kosmischen Frequenzen und Wellenlängen, deren Ursprung wir kaum kennen. Wir wissen, dass es sie gibt, aber nicht, woher sie kommen. Ein internationales Programm – an dem meines Wissens auch die Universität von Berkeley beteiligt ist – hat Antennen und hochempfindliche Parabolspiegel finanziert, mit denen man diese Sprache, diesen Code entziffern will. Der einzige Fehler dabei war, dass man von irdischen Voraussetzungen ausging und die energetischen Hintergründe, die alles steuern, vernachlässigt hat. Viel sinnvoller wäre eine Studie von Wellenverbänden gewesen.

## Die makroskopische Sicht

Wenn man sich der Welt aus einem anderen Blickwinkel als dem durchs Mikroskop nähert, bewegen wir uns in einem völlig anderen Erkenntnisfeld, das man folgendermaßen beschreiben könnte: Alles Leben ist getragen von verschiedenen Rhythmen, Frequenzen und Wellenlängen. Der physische Tod ist im Prinzip nur das Fehlen bestimmter Rhythmen.

Jeder Planet oder jede Planetensphäre – denn der physische Körper eines Planeten beschreibt als Wirkungsfeld eher eine Sphäre – ist durch seine spezifische „energetische Sprache" erkennbar. Die Planeten mitsamt der Erde vollziehen konzentrische Kreise um die Sonne; je mehr man sich der Sonne nähert, desto inniger vermischen und überlagern sich die Frequenzen dieser Kreise.

Es steht außer Frage, sich hier an eine Erklärung zu wagen, wie dieses einmalig komplexe, kreative System mit der Erde kooperiert. Es gibt die Bücher von Rudolf Steiner, Elisabeth Vreede, Dr. Hauschka, Walter Cloos, Eugen Kolisko, Friz Julius und vieler anderer, in zeitgemäßer Sprache, mit denen man sich nur langsam vertraut machen kann, wie mit einer neuen Sportart.

Wir wollen hier einfach noch einmal betonen, dass alles, was mit dem Leben zusammenhängt, ehe es sich physisch manifestiert, aus rein energetischer Information besteht, welche die Materie nur brav wiederholt. Die Materie ist niemals die „Kuchenform", sondern immer nur der Inhalt! Das bestätigt sich Tag für Tag.

Vor kurzem ist es Forschern gelungen, das energetische Profil jeder menschlichen Krankheit aufzuzeichnen und zu speichern – eine vielversprechende Methode für eine kostengünstige Prävention. Denn durch die Früherkennung eines bestimmten Schwingungsfeldes, das für das Erscheinen einer bestimmten Krankheit im Physischen verantwortlich ist, kann man diese Krankheit behandeln, ehe sie überhaupt auftaucht. Mit anderen Worten, wenn man irgendwo die besonderen Frequenzen oder das energetische Profil einer Krankheit entdeckt, dann weiß man, dass eine latente Bedrohung besteht – auch wenn sie sich noch nicht physisch manifestiert hat. Diese Erklärung ist zwar unvollständig, prinzipiell aber richtig und soll aufzeigen, dass der Präsenz von energetischer Information oder einem Schwingungsfeld, das zu einer bestimmten physischen Manifestation hintendiert, meist die physische Verwirklichung folgt. Vereinfachend können wir sagen, dass das gesamte Sternen- und Sonnensystem die Summe von Milliarden von Schwingungsprofilen darstellt, auf deren Basis sich der ständige Austausch zwischen der Erde und den anderen Teilnehmern des Systems vollzieht. Alles besteht einzig und allein aus Information, wir wiederholen es immer wieder.

## Die aktiven Kräfte hinter dem physischen Aufbau der Erde

Die physische Erde besteht aus Mineralien, Pflanzen, Tieren sowie den Menschen und ist mit unseren Sinnen erfassbar. Aber vergessen wir nicht, dass all diese physischen Komponenten nur von spezifischen Informationskräften verbundene und verdichtete Elementarteilchen sind.

Was verbindet zwei Wasserstoffatome mit einem Sauerstoffatom, damit Wasser ($H_2O$) entsteht? Das ist die entscheidende Frage, denn das Wasser ist eben nicht nur zwei Wasserstoff- und ein Sauerstoffmolekül –, wie man es uns beibringt, damit wir einmal als Agraringenieure oder Veterinäre der chemischen Industrie hörig werden. Das Wichtigste am Wasser ist die *selektive Kraft, die die Atome zusammenhält*. Ohne sie gibt es kein Wasser!

Man kann das an einem konkreten Beispiel aufzeigen: Essen Sie lieber den Kuchen oder seine einzelnen Zutaten getrennt? Gibt Ihnen ein kulinarischer Kritiker nicht den Namen des Chefs, der ein gelungenes Gericht geschaffen hat, der den kleinen Geniestreich vollbracht hat, Zutaten nach seiner Intuition zusammenzustellen, zu vermischen, zu dosieren? Warum also diesen aktiven Kräften – den Gestaltungs- und Formkräften, wie man bio-dynamisch sagt – die Anerkennung verweigern? Wie arbeiten diese Kräfte, derer man sich im biologisch-dynamischen Anbau, in der Homöopathie, der Musiktherapie und bei vielen anderen Methoden bedient, welche schon seit Urzeiten bekannt sind und auf deren wohltuende Wirkung man allmählich wieder zurückgreift? Sie bringen ganz einfach die Materie wieder in Resonanz mit ihrer Form- und Gestaltungsidee.

## Die Einflüsse der Sonne

Wie kann man mit diesen Formkräften umgehen? Auch das hat Rudolf Steiner in seinem *Landwirtschaftlichen Kurs* angesprochen – wie in vielen der über 300 anderen Werke, die sich alle mit den Vorgängen befassen, die dem Leben zugrunde liegen. Das irdische Leben besteht in ständigem Wechsel zwischen einer unsichtbaren und einer sichtbaren Welt, nämlich der unsichtbaren Welt, aus der die Gestaltungskräfte kommen, und einer geformten Welt, die für unsere physischen Sinne erfassbar ist. Dabei überschneiden sich die zentripetalen Kräfte, die auf die Erde zugehen, zur Inkarnation führen, und die zentrifugalen Kräfte, die sich von der Erde entfernen, also die Exkarnation einleiten. Wenn sich eine Pflanze aus dem Samen über Stängel und Blüte bis hin zur Pollenbildung entwickelt hat, erreicht sie damit ein beinahe substanzloses Stadium, das von der Schwerkraft weitgehend entbunden ist. Daher fliegt der Pollen auch in einer Höhe von mehreren tausend Metern, was, wie Sie zugeben werden, für eine Wurzel unmöglich ist, da diese den zentripetalen Kräften unterworfen ist. Die einjährige Pflanze beendet ihren Zyklus also zuerst einmal beinahe entmaterialisiert und später dann extrem konzentriert, als Samen. So kann man im Herbst die Trennung von Kräften verfolgen, die das Frühjahr vereint hatte. Genau das sind die zentrifugalen und zentripetalen Kräfte unseres Umkreises, die sich ständig durchdringen. Die Aromen, die Geschmacksnuancen, die Farben können sich nur im Physischen äußern, wenn diese Kräfte eine Umkehrung erfahren haben, wenn also ein Wachstumsprozess zum Ende gekommen ist. Das ist die Bedingung für jede Fruchtbildung.

Auch dafür gibt es ein bio-dynamisches Präparat. Natürlich sind diese beiden Etappen nie vollständig voneinander getrennt, und in einem bestimmten Augenblick überschneiden sie sich sogar. Aber man kann keinen wirklich eleganten Geschmack erhalten nach einem zu stark gesteigerten Wachstum, weil es die Kontraktionsprozesse auflöst, welche eine Fruchtbildung immer begleiten. Das ist auch der Grund, warum eine Rebe sich hin und wieder in einer Art „Kampfsituation“ befinden sollte, um einen guten Wein zu bringen. Diese Situation hemmt etwas ihr Wachstum, und in eine schwächer wachsende Pflanze ziehen die Fruchtungskräfte schneller ein. Auch hier kann ein bio-dynamisches Präparat unterstützend wirken.

Ohne diese beiden gegensätzlichen Kräfte kann man die Erscheinungen des Lebens auf der Erde nicht verstehen. Sie leben auch in allen Planeten, von denen jeweils eine Strömung ausgeht, die der Pflanze hilft, sich physisch zu inkarnieren, und eine entgegengesetzte, die das Wachstum stoppt und dadurch die Exkarnation unterstützt. Trotz einer gewissen Unabhängigkeit gegenüber solchen Festlegungen könnte man diese Strömungen frühlingshaft und herbstlich nennen. Ist also auch die Wirkung der Sonne auf die Erde von diesen beiden Aspekten des Lebens geprägt? Wir sollten allerdings nicht vergessen, dass die Sonne eher koordiniert als selbst handelt.

Erlnneren wir uns, zwei Präparate unterstützen diese beiden Sonnenwirkungen. Zum einen das Hornmistpräparat, das die Substanzbildung der Pflanze anregt, und zum anderen das Horn-Kieselpräparat, das diese Substanz gestaltet. Die anderen sechs biologisch-dynamischen Präparate – mit Schafgarbe, Kamille, Brennnessel, Eichenrinde, Löwenzahn und Baldrian – wirken als Bindeglied zu den Urkräften der fünf Planeten und des Mondes. So verstärkt die bio-dynamische Wirtschaftsweise den Einfluss des

Sonnensystems auf der Erde. Und das gerade heute, wo es enorm dadurch geschwächt ist, dass der Mensch aus lauter Unverstand die Atmosphäre als Müllhalde missbraucht hat. Denn diese sollte in allererster Linie dem energetischen Austausch zwischen irdischen und kosmischen Gesetzmäßigkeiten dienen, ohne die die Erde längst ein Kadaver wäre.

Die Atmosphäre ist mit ihren aufeinander folgenden Schichten sehr klar geordnet. Sie energetisch zu verschmutzen (stofflich wäre nicht so schlimm), heißt, die Lebenskräfte der Erde zu schwächen und damit selbstverständlich auch die des Menschen. Die bio-dynamische Wirtschaftsweise hat ihre Bedeutung als Antwort auf dieses energetisch gefährlich gestörte Gleichgewicht. Sie verbindet die Erde wieder mit ihren Quellen. Damit bildet diese Wirtschaftsweise einen Gegensatz zur Radioaktivität und kann dieser auch entgegenwirken. Sie führt ins Leben, während vor der Radioaktivität das Leben schwindet.

Natürliche Radioaktivität ist Teil eines Alterungsprozesses, der seinen Platz in der Evolution hat, und unter gewissen Umständen auch dem Menschen dient. Schauen Sie nur, wie viele Künstler es in Prag gibt, wo die natürliche Radioaktivität besonders stark ist. Ist sie dagegen vom Menschen erzeugt, dann wird sie gefährlich, denn sie befreit die von irdischen Kräften ungeheuer verdichtete Wärme, die sonst von einem Elektronengürtel in Schach gehalten wird.

Noch vor 200 Jahren wäre es für die Erde nicht so wichtig gewesen, dass biologisch-dynamisch gearbeitet wird. Heute kann man darauf nicht mehr verzichten. Zum einen, um den Geschmack und die Qualität von Wein und Nahrungsmitteln zu sichern, zum anderen um das Gleichgewicht des Lebens auf der Erde zu erhalten. Die klimatischen Turbulenzen werden uns zu dieser Erkenntnis zwingen. Eigentlich entsteht das Klima aus einer ständigen Suche nach harmonischem Ausgleich. Wer soll die Ammenmärchen vom Klimawechsel einzig als Folge einer $CO_2$-Überbelastung glauben? Das gesamte energetische System, das ja alle klimatischen Vorgänge organisiert, hat bereits Schlagseite bekommen. Zu wenige Wissenschaftler ahnen etwas von diesen Hintergründen des Lebens.

## Ein „Informations-System“

Das Sternen- und Sonnensystem bringt der Erde die Kräfte entgegen, welche die Materie mithilfe von Anziehungs- und Abstoßungskräften gestalten und organisieren. Je nach Jahreszeit in- oder exkarnieren sie. Wenn man die Energie aus ihrem stofflichen Käfig befreit, hat man dadurch Zugang zu den reinen Lebenskräften mit ihrer ganzen Wirkungskraft. Das ist Homöopathie, mit der man wieder anders arbeitet als mit der biologisch-dynamischen Wirtschaftsweise. In der Homöopathie gilt: je mehr man verdünnt, je weniger Substanz, desto größer die Wirkung. Die Umkehr der materiellen Ebene. Diese beiden Gegensätze sind überall in unserer Umgebung gemeinsam am Werk und ergänzen sich natürlich. *Wir brauchen alle beide, um das Leben auf der Erde zu verstehen.* Keine sollte der anderen im Weg stehen.

Man kann also die Sonne als „Informations-System“ betrachten, mit der Aufgabe, Organismen auf die Erde zu bringen, die ihre Lebenskräfte auch im Physischen behalten. Lassen sich diese Lebenskräfte zu sehr von der Härte der Materie beeinträchtigen, kommen sie an ihre Grenzen, denn sie können sich nicht durchsetzen. Das nennt man den Tod. Dabei verschwindet einzig und allein die stoffliche Komponente; die energetische kann nicht sterben, sie verwandelt sich nur. Das meint Goethe mit seinem Satz: „Die Natur hat den Tod erfunden, um viel Leben zu haben.“

Zum Sonnensystem gehören, wie wir wissen, fünf Planeten und der Mond, unser Satellit. Die Sonne wäre eher der Dirigent, der die Einsätze gibt. Jeder Planet hat einen spezifischen Einfluss auf das Pflanzenwachstum und seine Reife. Jeder Planet nimmt am Leben auf der Erde teil. Alle sind, wie die Erde auch, Sender und Empfänger. Die Wissenschaftler wissen zum Beispiel, dass Jupiter ein riesiger drahtloser Empfänger ist, manchmal sogar leistungsfähiger als die Sonne. Jupiter kann mehr ausstrahlen als empfangen, wenn einer seiner Satelliten sich in einer bestimmten Position zwischen Erde, Sonne und Jupiter selbst befindet. Man kann es etwa so verstehen, wie wenn man eine Antenne ausrichtet, um eine Sendung besser zu empfangen. Jeder hat das schon gemacht. Die Bewegung der Planeten um die Erde ist nichts anderes.

Es gibt also besonders günstige Momente und besonders schwache. Je nach der Wachstumsphase jeder Pflanze oder einer anderen Aufgabe, die sie gerade erfüllt, und den günstigen oder störenden Stellungen der Planeten in Bezug auf die Erde, entstehen auch günstige oder störende Einflüsse auf die Qualität eines Weins oder einer Gemüsesorte.

Die 50.000 Morphochromatographien (Steigbildanalysen), die André Faussurier gemacht hatte, als er noch Direktor des Laboratoriums der katholischen Universität von Lyon war, haben eine Korrelation gezeigt zwischen astronomischen Störungen (Finsternisse, Mondknoten, Bedeckung eines Planeten durch den anderen usw.) und Unregelmäßigkeiten auf den erhaltenen Abbildungen. Lakovsky, den ich schon öfters zitierte, hat zu einer Zeit, als noch keine Technologie den Geschmack des Weins beeinflusste, signifikante Korrelationen aufgezeigt zwischen den Jahren mit maximaler Aktivität der Sonnenflecken und den Jahren außergewöhnlicher Weine. Man weiß auch, dass die Nordlichter günstigen Einfluss auf die Getreideernte haben können. Damit beschäftigt sich seit langem auch Maria Thun in ihren Büchern und in ihrem wertvollen Saatkalender.

Was uns beim Mond selbstverständlich erscheint, gilt ja auch für alle anderen Planeten. Der Mond, unser Satellit, wirkt wie ein Zwischenträger von der Sonne zur Erde, er spiegelt uns die Sonne. Er hat großen Einfluss auf den Elektromagnetismus und damit auf alle Bereiche des Lebendigen. In der Viehzucht zum Beispiel wählt man für den Zeitpunkt der Befruchtung Vollmond oder Neumond aus, je nachdem, welches Geschlecht die Nachkommen haben sollen. Dieses Wissen hat sich bei den biologisch-dynamischen Züchtern allmählich durchgesetzt.

## Ein lebendiges System

Jetzt sollte man sich das Sonnensystem auch noch als lebendiges System vorstellen, das nicht wie ein Motor funktioniert, dessen Einzelteile ununterbrochen dieselben Abläufe wiederholen – im Lebendigen kehrt nichts genau auf dieselbe Weise wieder. Die

Umlaufzeiten der Planeten, ihre „Jahre“, wenn Sie so wollen, variieren ständig. Merkur, der unbeständigste, zeigt Unterschiede von bis zu acht Tagen! Auch die Sonne selbst befindet sich nie exakt im Zentrum der verschieden weit entfernten Sphären, auf denen die Planeten sie umkreisen. Sowohl die Ausrichtung ihrer Rotationsachsen in Bezug auf die Sonne wie auch ihre Geschwindigkeit können sich verändern.

Es ist eben ein lebendiger Organismus. Dieser gemeinsame Tanz der Erde mit den Planeten um die Sonne ähnelt der Bewegung der im Atom gefangenen Elektronen. In ihm drücken sich all ihre Eigenarten aus, deren Reichtum sich Winzer und Landwirte zunutze machen können, wenn sie diese erkennen. Alle diese Unregelmäßigkeiten zeigen uns, dass jeder Tag eine unwiederholbare Konstellation hat, auf deren Besonderheiten wir auch achten sollten. Wir wissen, dass sich unser Sonnensystem mit einer Geschwindigkeit von 30 km pro Sekunde fortbewegt, dass ein Teil unserer Galaxie auf 200 km in der Sekunde kommt, ihre Gesamtheit sogar auf 600 km pro Sekunde. Und dies alles vollzieht sich in einer scheinbaren Unbeweglichkeit, denn Bewegung wird nur sichtbar im Vergleich zu einem Anhaltspunkt. Man wird sich solcher Phänomene bewusst, wenn wir zum Beispiel glauben, dass unser Zug losgefahren ist, wobei sich derjenige auf dem Nachbargleis in die entgegengesetzte Richtung bewegt.

## Wie können wir dieses Wissen anwenden

Für die Anwendung dieses Wissens gelten zwei einfache Grundregeln. Sie greifen auf die vier Zustände der Materie zurück, von denen wir am Anfang des Buches gesprochen haben. Als erstes können wir sagen, dass Planeten und Sterne ihren Impulsen vier Hauptrichtungen geben, die sich an diesen vier Zuständen orientieren: die Fruchtbildung (Wärmeimpulse), die Blütenbildung (Lichtimpulse), das Blätterwachstum (Wasserimpulse) und das Wurzelwachstum (Erdimpulse).

Die zweite Regel besagt, dass die Ausprägung oder Harmonie dieser verschiedenen Einflüsse abhängt von der Stellung der Planeten in Bezug auf die Erde und auf die Sternkonstellationen, die hinter ihnen während ihres Umlaufes um die Sonne auftauchen. Man findet hier die Gesetze der Winkel und Ebenen wieder. Bestimmte geometrische Verhältnisse können sogar sehr ungünstig wirken, wie die Finsternisse, die Mond- oder Planetenknoten (wenn einer der Planeten die Sonnenbahn schneidet) oder Apogäum und Perigäum des Mondes (Zeitpunkte, zu denen der Mond in seiner größten oder geringsten Entfernung zur Erde steht).

Natürlich lebt die ganze Erde ununterbrochen unter diesen Einflüssen, sei es mit chemischer, biologischer oder biologisch-dynamischer Landwirtschaft. Doch seit die Landwirtschaft den größten Teil der Lebensüberträger vernichtet hat – zum Beispiel die Mikroorganismen im Boden – oder deren Empfänger, nämlich die Blätter, vergiftet sind, können die Pflanzen diese himmlischen Botschaften kaum mehr empfangen – gleich einem Kranken, der allmählich seine Kommunikationsfähigkeit verliert. Im konventionellen Anbau wird die Pflanze allmählich unempfindlich für die Qualität der ursprünglichen Lebenskräfte. Daher verarmt auch die Qualität der Schwingungen von daraus entstandenen Nahrungsmitteln für den Menschen. Dies zeigen die Kristallisationen – Gütetests, mit denen man die energetische Organisation einzelner Produkte beobachten kann. Mit anderen Worten, unvernünftige Anbaumethoden isolieren die Pflanze von ihrem weitläufigen Lebenszusammenhang und ziehen deshalb dauernde Unterstützungsmaßnahmen nach sich, wie wir es schon oft erwähnt haben. Jedes lebendige Wesen auf der Erde, angefangen beim Menschen mit seiner Fähigkeit zum Denken über die Tiere und die Pflanzen mit ihrer spezifischen Fauna, den Insekten, den Vögeln und allen Arten von Mikroorganismen bis zu den Kleinstlebewesen, trägt sein Teil dazu bei, die Erde mit dem Makrokosmos zu verbinden. Alle sind sie Vermittler.

Diese Erklärungen können vielleicht noch anderen zu der Einsicht verhelfen, wie dringlich es wird, den konventionellen Anbau zu hinterfragen.

Wenn man vom Makrokosmos und dem, was zu ihm gehört, sprechen will, muss man die Arbeit von Maria Thun in Dexbach würdigen, die mit unermüdlicher Sorgfalt jeden einzelnen Planeten-

*Bild XXII: Kristallisationen*

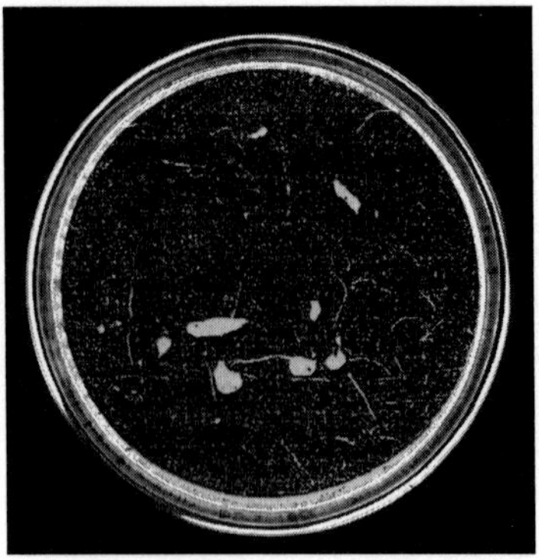

A: überhaupt keine energetische Organisation: weißer Zucker.

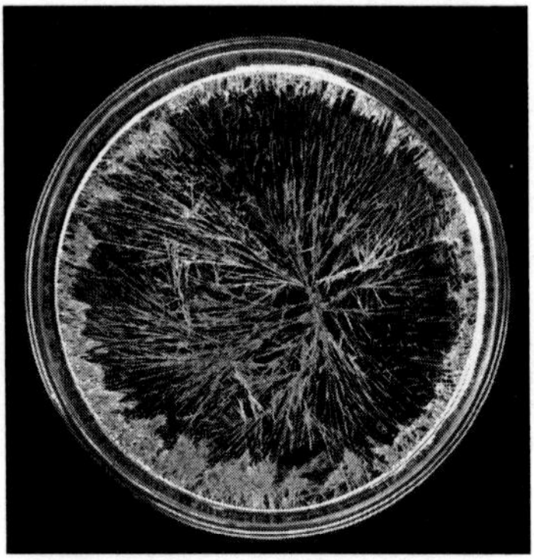

B: schwache energetische Organisation: chaotische, unregelmäßige Linien, geringe Dichte (Sauvignon).

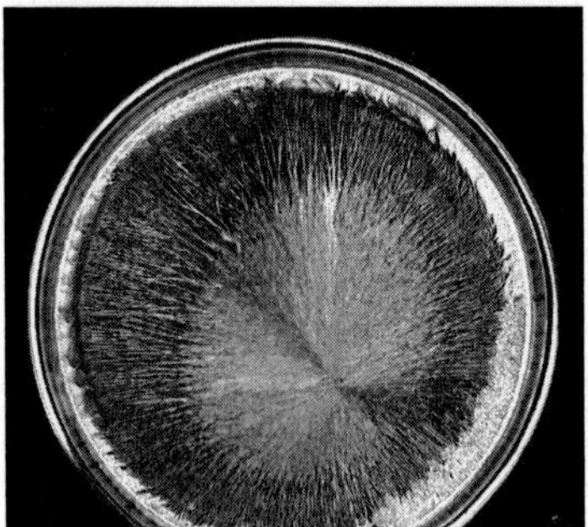

C: gute energetische Organisation sehr dichte Linien, gut zentriert, über die gesamte Fläche verteilt / Ein „Clos de la Bergerie 2004" von unserer Domäne.

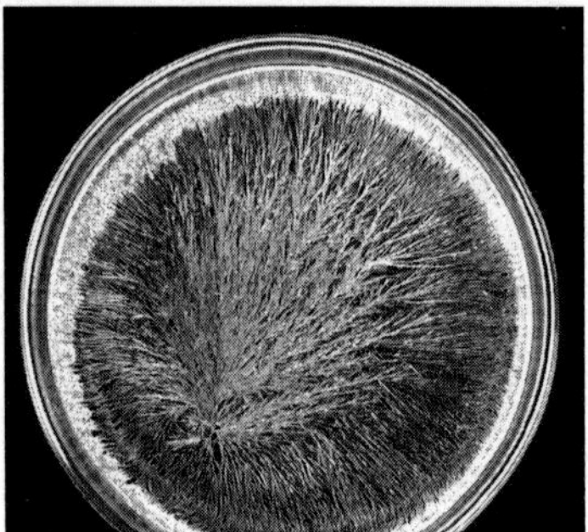

D: derselbe Wein, nachdem sein Barcode eingelesen wurde. Man sieht, dass sich das Leben zurückgezogen hat: oben weniger Dichte und deutlich weniger Kräfte in der Peripherie des Kreises. Das Einlesen des Barcodes greift die Lebenskräfte des Produkts an.

*Für eine Kristallisation mischt man ein Produkt (den Press-Saft) mit Kupferchlorid, lässt es kristallisieren und in einer Petri-Schale trocknen. Das so erhaltene Kupferchlorid-Pulver zeichnet beim Trocknen das energetische Abbild des Produkts auf.*

und Sternenimpuls auf die gesamte Pflanzenwelt gemessen hat. Dieses „Handbuch“ für die Landwirtschaft von morgen eröffnet ungeahnte Möglichkeiten für die Forschung.
Ist es nicht interessant zu erfahren, dass für Weizenkörner, denen man mit einem vernünftig angewandten biologisch-dynamischen Anbau wieder Zugang verschafft hat zu ihren Urbildern aus Planeten- und Sternensphären, das Krankheitsrisiko beinahe auf Null zurückgegangen ist? Damit hat der Weizen wieder zu seiner früheren Kraft gefunden und kann den Menschen auch wieder ernähren. Das gilt natürlich auch für alle anderen Pflanzen; das Wissen daüber lebt überall wieder auf, zum großen Entsetzen der wirtschaftlichen Interessensgruppen, deren Tricks immer mehr Verbraucher durchschauen.

*Bild XXIII: Rotationsebene der Erde und der Planeten in Bezug auf die Sonnenebene, auf dem Hintergrund der Sternbilder.*

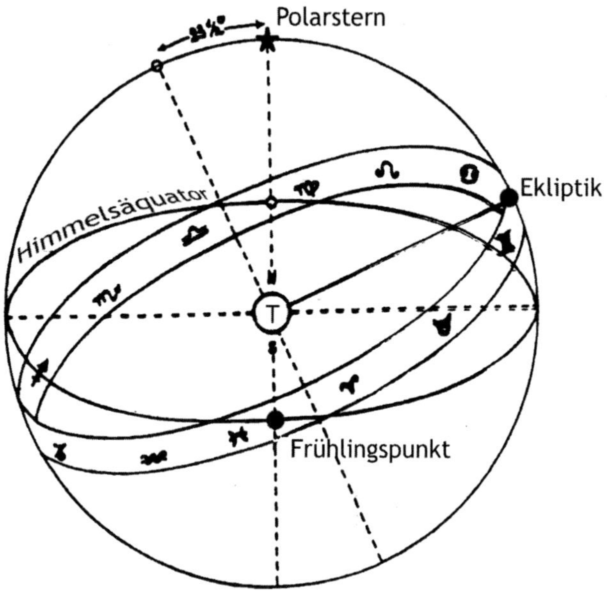


*Quelle: Der Saatkalender, M. Thun.*

Die Planeten und die Erde bewegen sich auf einem ziemlich schmalen Band um die Sonne. Auf dem Hintergrund dieses Streifens stehen die Sternbilder. Dieses Band, vor dem sich alle Planetenbewegungen um die Sonne abspielen und all ihre Positionen zueinander und mit den Konstellationen Platz finden, nennt man den Zodiak, den Stern- oder Tierkreis.

Wenn man sich die ständige Bewegung innerhalb unseres Sonnensystems und die unserer Galaxie in Bezug auf andere vergegenwärtigt, ihre unvorstellbare Geschwindigkeit, die Ereignisse auf der Sonne selbst, ihre plötzlichen Ausbrüche und vieles andere, dann wird einem klar, dass jeder einzelne Tag einzigartig und nicht wiederholbar ist. Das heißt, dass alle Impulse, die uns vom Sonnensystem auf dem Weg des Lebendigen erreichen, einem ständigen Wandel unterworfen sind. Mit den Radiowellen hat Faraday 1831 den ersten Schritt bei der Wiederentdeckung dieses Bereichs getan, den er „den Bereich, der den erregenden Körper mit dem erregten verbindet“, nannte. Alle Winkelverhältnisse der Planeten untereinander und gegenüber der Erde sind gemäß dem Zahlengesetz signifikant und haben energetisch unterschiedliche Wirkungen. Es sind eigentlich dieselben Gesetze wie für die architektonischen Kunstwerke, aber am Himmel ändern sich Positionen, Winkelverhältnisse, Ebenen, Proportionen von Minute zu Minute. Es ähnelt auch dem Beispiel der einige Seiten zuvor erwähnten Antenne: Je nachdem, was man anbaut, sollte man seine Pflanzen (die Antenne) auf den bestmöglichen planetarischen und stellaren Empfang ausrichten. Damit wird das Prinzip verständlich, dass es günstige und ungünstige Momente gibt – das sind „Informationen“, die eine harmonische Ausgestaltung der Materie begünstigen, während andere diesen Prozess stören.

Maria Thun hat das anhand von Hunderten von Beispielen gezeigt. Wenn man mit der biologisch-dynamischen Wirtschaftsweise arbeitet, sollte man diese verschiedenen Möglichkeiten immer in Betracht ziehen. Der aufsteigende und absteigende Zyklus eines Planeten ruft nicht dieselben Wirkungen hervor. Welche das sind, konnte man beim Mond schon beobachten. Doch man müsste die Ergebnisse für alle Planeten kennen, damit man zum Beispiel auch für jeden Baumtyp die gesundenden Kräfte bezeichnen kann, da ja jeder Baum einem anderen Planeten zugeordnet ist. Man sät einen Baum, wenn sein Planet aufsteigt, und pflanzt ihn um, wenn der Planet absteigt. Es gibt ein paar Tricks, damit man bei den weiter entfernten Planeten, wie zum Beispiel dem Saturn, nicht fünfzehn Jahre auf die günstige Pflanzzeit warten muss. Auf vieles andere muss man noch achten, wie die Mond- und Planetenknoten, bei denen ein Planet eine andere Umlaufbahn schneidet. Wir wollen hier nicht ins Detail gehen – der Anhang gibt weiterführende Hinweise –, sondern die ganze Vielfalt veranschaulichen. Nur eines: Die Rebe, mit ihrem merkurialen Wesen, verpflanzt man am besten bei absteigendem Merkur.

Diese vielen Eigenarten des Sonnensystems verleihen jedem einzelnen Tag ein einzigartiges energetisches Informationsprofil, und wir haben nun die Wahl, welche dieser Wirkungen wir uns für unsere Reben wünschen und mit welchen Maßnahmen wir sie verstärken können. Denn mit diesen Hinweisen kann jeder bei sich zu Hause experimentieren und die Resultate vergleichen. Es gibt unzählige Beispiele. An Orten, an denen sich die Lebenskräfte voll entfalten können, reagieren die Pflanzen auf jeden geringsten Impuls, den man ihnen gibt. Etwa wie die Schüler einer Schulklasse auf jeden Impuls eines Lehrers reagieren, der sein Wissen auf ihre Wellenlänge gebracht hat. Sobald man darüber nachdenkt, scheint dies nicht weiter verwunderlich. Unsere Umgebung ist voller Beispiele, die uns anregen wollen, es einem solchen Lehrer gleichzutun.

Es ist inzwischen wissenschaftlich erwiesen, dass manche Menschen mit ihrer Ausstrahlung und ihren Gedanken das Wachstum einer Pflanze anregen oder verlangsamen können und man sollte diese Herzenskraft nicht gering schätzen, im Gegenteil. Man weiß über die Morphochromatographien und die Kristallisationen, dass vierundzwanzig Stunden vor einer Sonnenfinsternis die Pflanzen ihr Verhalten verändern. Man weiß auch, dass manche Tiere ein Erdbeben schon länger als einen Tag vorher spüren. Man kennt den „Placebo-Effekt" auf den Menschen, der einfach eine Information bezeichnet, die man sich selbst gibt. Hoffen wir, dass diese Kraft sich endlich weiterentwickeln darf, statt dass man sie lächerlich macht!

Dieser neue Weg wurde schon von einigen Wissenschaftlern eingeschlagen, die dieses energetische System nicht nur untersuchen, sondern allmählich auch anwenden. Ihre Entdeckungen könnten enormen Fortschritt oder enorme Probleme zur Folge haben, je nach dem Bewusstseinsstand derjenigen, die damit umgehen. Genau da liegt das Problem. Ist die Menschheit überhaupt bereit für dieses Wissen?
Die bio-dynamische Wirtschaftsweise braucht solche Risiken nicht einzugehen; für sie ist es genug, wenn sie die bestehenden Verbindungen verstärken kann, ohne willkürlich neue zu schaffen. Ganz konkret genügt es zu wissen, dass man mit sehr geringen Mengen „energetisch informierten" (geimpften) Wassers die Geschmackseigenschaften von mehreren Hektolitern Wein direkt verbessern kann. Das geht sogar soweit, dass man die Pflege im Weinberg darüber vernachlässigen kann. Sie sehen, alles, was mit Energie zu tun hat, kann auch ein gewichtiges ökonomisches Potenzial aufweisen. Doch da das Plus immer ein Minus anzieht und das Ying das Yang, wird das kein dauerhafter Effekt sein und sich bald umkehren.

## Die Praxis

Was tut man genau, um planetare und stellare Einflüsse in einem Weinberg zu verstärken? Ganz einfach: Wenn uns eine Situation als günstig erscheint für den Weinberg, dann unterstützen wir ihren Einfluss.
Was ist eine günstige Situation? Im Tierkreis gibt es drei Konstellationen, die Wärmeimpulse geben, also Fruchtbildungskräfte, welche die Rebe für ihre Trauben braucht. Das sind der Widder, der Löwe und der Schütze. Wir werden hier nicht die besonderen Eigenschaften dieser Impulse im Einzelnen erklären, nur, dass sie deutlich zu spüren sind. Wer interessiert ist, sollte das ausgezeichnete Buch von Friz Julius lesen, dessen Referenzen im Anhang zu finden sind, oder eine der zahlreichen Veröffentlichungen von Maria Thun oder von Ernst-Michael Kranich.
Will man, dass der Wein sich vollmundig entwickelt, dann sollte man, wenn möglich, die Beziehung der Rebe zu diesen drei Einflüssen bestärken. Das nennt man „im Trigon behandeln". Man kann

natürlich auch anders darüber denken. Wichtig ist zu beachten, dass es sich dabei nicht um Astrologie handelt, sondern um Astronomie, das heißt um die aktuelle Position der Konstellationen, die um 30° verschoben ist gegenüber derjenigen der Astrologie, die vor 2.000 Jahren einmal der Realität entsprach. (Was nicht heißen soll, dass sie auf den heutigen Menschen keine Wirkung mehr haben).

Außer den Konstellationen gibt es noch zwei andere Wärmeeinflüsse, das heißt Fruchtbildungsimpulse, und zwar über die Planeten Merkur und Saturn. Der erste hat ein kürzeres Umlaufjahr als wir, der zweite ein längeres (30 Jahre). Auch ihre Wirkungen sind sehr verschieden. Merkur spielt eine Rolle für die Bewegung, den Kreislauf der Säfte, das Wachstum, das Vermeiden von Hindernissen und Krankheiten. Saturn hat mit dem Geschmack zu tun, den Reifeprozessen und der Konzentration. Was einem den Wein lieb macht, kommt von Jupiter oder von Saturn. Ernst-Michael Kranich gibt uns in seinem Buch jede Menge Details. Ohne den Einfluss dieser beiden hätten wir weder saftige noch wohlschmeckende Früchte.
Wie und wann soll man sie unterstützen? Das ist die Hauptfrage für den Winzer.
Nehmen wir ein Beispiel: Wenn ein Wärme-Planet, Merkur oder Saturn, sich vor einer Wärme-Konstellation befindet, dann sind seine Wirkungen aus Synergiegründen verstärkt und bereichert. Wenn außerdem die Position eines oder beider Planeten mit der Erde einen Winkel von 120° bzw. 180° beschreibt – letztere nennt sich „Opposition“ –, dann steht die Erde mitten auf einer Linie, die die beiden Planeten verbindet; sie nimmt deren Einflüsse dadurch besser auf und verarbeitet sie optimal. Es gibt noch andere günstige Konstellationen. Wir wollen nur einige Beispiele geben zum besseren Verständnis.

Im vorhergehenden Beispiel wird jeder bio-dynamisch bewirtschaftete Weinberg, der dem Leben gegenüber aufgeschlossen ist, von dieser Konstellation profitieren. Aber das Interessante für unsere Reben ist ja, dass man sie noch weiter anregen kann, diese Impulse aufzunehmen, zum Beispiel mit gleichzeitigen Bodenarbeiten oder einer Dynamisierung. Wenn wir den Boden zu einem

*Bild XXIV: Planeten in Oppositionsstellung.*

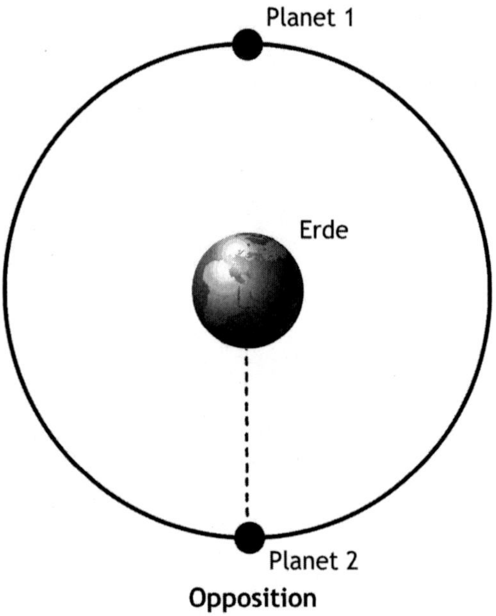


*Quelle: Der Saatkalender, M. Thun.*

bestimmten Datum auch nur ganz leicht hacken – und damit die Haut des Bodens öffnen –, macht man die Mikroorganismen empfänglicher für äußere Einflüsse. So wie man vom Wetter draußen mehr mitbekommt, wenn man die Fensterläden öffnet.

Man könnte auch ein bestimmtes Datum wählen, um ein Präparat zu dynamisieren. Der Wirbel lädt sich beim Dynamisieren mit den Kräften der Tageskonstellation auf, die anschließend den Blättern oder dem Boden zugute kommen. Die Rebe, die fast so sensibel ist wie ein Nerv, spricht sehr gut auf eine solche Gabe an. Doch das ist trotzdem nur einer der vielen Aspekte der biologisch-dynamischen Wirtschaftsweise, ich will das wiederholen. An erster Stelle steht für sie die regelmäßige Anwendung der Präparate, ein- oder mehrmals im Jahr. Man kann also mit ihr ohne besondere Kenntnisse des Planeten- und Sternensystems arbeiten. Trotzdem ist die Wahl des Datums, neben den klimatischen Bedingungen, ein wichtiger zusätzlicher Faktor. Und man kann die Erfolge messen: an der Ertragsmenge, der Krankheitsresistenz, der Haltbarkeit oder der Geschmacksnuancen und Aromen, die signifikante Unterschiede aufweisen. Im Grunde hat man nur der Pflanze geholfen, sich in größerem Maße zu entfalten, indem man ihr besseren Zugang zu den ursprünglichen Lebenskräften verschafft und ihr damit die Möglichkeit gibt, ihre Eigenarten auf der Erde zum Vorschein zu bringen. In der Musik würde man sagen, man hat die Akustik verbessert.

Wenn man anfängt, die wahre, einzigartige Natur jedes Planeten und jeder Konstellation zu erkennen, bieten sich Wege, das Verhalten unserer Reben auf kreative Weise zu beeinflussen. Dann können sie die verschiedenen Einflüsse besser aufnehmen, die wir für den Weinberg geplant haben. Wir brauchen ein Verständnis dafür, dass die Wirkung zentripetaler Kräfte sich ganz anders zeigt, solange die Sonne vor der Konstellation des Schützen steht, mitten im Winter, wenn noch nichts aus dem Boden sprießt, als nachher vor dem Widder, der die zentripetalen Impulse des Frühlings wirken lässt. Vergessen wir nicht den Mond – während er die Erde umrundet, durchläuft er den Zodiak in 28 Tagen, und das heißt, dass wir jeden Monat die spezifischen Kräfte jeder Konstellation auf andere Art nutzbar machen können.

Damit wären wir bei einer künstlerischen Umsetzung solcher Hinweise für die Arbeit in der Landwirtschaft. In unserer Eigenschaft als Mensch können wir täglich auf das Wachstum unserer Pflanzen einwirken, mit ganz einfachen Maßnahmen, je nach unserem Einblick in die Welt der Planeten und Sterne. Nach und nach werden sich unsere Kenntnisse dieser lebensspendenden Impulse verbessern. Und noch einmal, das Leben ist ein Geschenk, das der Erde gemacht wird!

Dazu gehört selbstverständlich die physische Konstitution der Landschaft, die richtige Wahl gut gezogener und gut angepasster Reben und der für den Ort geeigneten Tiere, wie zahlreiche andere Faktoren, die alle als Empfangsantennen für diese Botschaften aus dem Reich des Lebendigen dienen. Wir wollen dies alles wie die Noten eines Musikstücks betrachten, aus denen eine Partitur besteht. Je mehr Noten, desto mehr Akkorde, desto schwungvollere, musikalischere Weine. Die Fähigkeit, eine Oxydation hinauszuzögern – und bitte verwechseln Sie letztere nicht mit Überreife! – oder, wenn es Ihnen lieber ist, die Energie, den Alterungsprozessen zu widerstehen, ist um einiges stärker bei biologisch-dynamischen Weinen. Der beste Beweis dafür ist die Tatsache, dass sie sich öfters noch einige Wochen nach dem Öffnen verbessern. Deshalb strafen überstürzte Verkostungen edle, ehrliche Weine. Wenn man keine Zeit hat, zieht nur der „Flash", der „Geschönte", die Aufmerksamkeit an sich.

Dieser kurze Abriss der biologisch-dynamischen Wirtschaftsweise im Weinbau verfolgt einzig das Ziel, dem Weinkenner zu zeigen, dass es sich dabei weder um Aberglauben noch um ein illusorisches Weltbild handelt, und auch nicht um eine ausgeklügelte Methode, sich bekannt zu machen; sondern um reale Inhalte, mit denen sich jeder im Lauf der Jahre vertraut machen kann, in seinem eigenen Rhythmus und auf seine eigene Art und Weise, sich etwas zu eigen zu machen.
Mit der Zeit wird sich ein Vorgehen in der Landwirtschaft durchsetzen, bei dem man die Gesetze des Lebens berücksichtigt und sich nicht mehr auf rein materielle Maßnahmen beschränkt. Das ist die einzige Chance, wenn man dem Verbraucher weiterhin deutlich erkennbare Geschmacksnuancen bieten will, die von den Eigenheiten ihrer Abstammung geprägt sind, ohne einschmeichelnde „kosmetische" Tricks, die der Verbraucher dann fälschlicherweise für typische Produkte der Gegend hält. Und wenn man die Schönungen gesetzlich beibehalten will, sogar mit dem Risiko, dass die wunderbare Idee der AOC darunter leidet, sollte man zumindest den Verbraucher auf einem zweiten Etikett wissen lassen, ob das, was er gekauft hat, tatsächlich den unverfälschten Geschmack eines Standorts wiedergibt. Wäre das nicht wenigstens ein Minimum, ein erster Schritt?

# Zusammenfassung

Wenn Sie einen ehrlichen Wein trinken, wenn Sie von einem besonderen Geschmack oder Aroma berührt werden, dann bewundern Sie eigentlich eine höhere Welt.

Dieser höheren Welt wird von den Gesetzen der Erde eine physische Gestalt gegeben, die wir mit unseren Sinnen wahrnehmen können. Diese Gesetze achten und unterstützen wir mit all unserem landwirtschaftlichen Tun. Wenn der Mensch sein Wissen erweitert und der Erde all ihre Fähigkeiten mit Hilfe einer respektvollen, künstlerisch angewandten Landwirtschaft zurückgibt, dann nimmt er seine Aufgabe wahr. Dafür wird ihm auch wieder Kreativität zukommen aus dem Bereich der Schwingungen, von dem wir uns tagtäglich ernähren, mit all unseren Sinnen, einschließlich des Schauens. Denn auch die Ästhetik ist Nahrung; daran sollten wir öfters im Hinblick auf unsere Kinder denken, die allzu oft dem Hässlichen ausgesetzt sind, mit der Gefahr, dass dies allmählich zur Norm wird.

Ein Mensch, der gut genährt ist von einem Schwingungsfeld, das sich uneingeschränkt mitteilen kann, lebt in Harmonie mit den Kräften, aus denen er geboren wurde und die ihn tragen. Der Winzer würde sagen: „Du bist, was du trinkst“, der Bauer dagegen: „Du bist, was du isst“.

Aus alldem wird die Legende von Dionysos verständlich, der von den Titanen auf Heras Geheiß zerstückelt wurde. Er verkörpert die

Kräfte der Individualität und erzwingt den Abstieg des Menschen auf die Erde, damit dessen Individualität sich inkarnieren kann. Durch diesen Ausbruch aus einem energetischen Ganzen, das die Titanen zerschlagen, indem sie den Körper von Dionysos zerstückeln, tritt man ein in die Zeit, die Kräfte des Chronos, und verlässt Uranos, den Vater, das Symbol der Einheit. Anders gesagt, wir tauchen ein in den Mikrokosmos und verlassen den Makrokosmos. Natürlich schafft diese Trennung Dramen, unvollständige, gefährliche Entdeckungen, durch die der Mensch, der sich für den Herrn der Welt hält, die Zerstörung der Erde hervorruft.

Aber die Legende von Dionysos ist voll Optimismus: Sie sagt uns, dass sein Herz von der Göttin Pallas Athene gerettet und dem Zeus übergeben wurde. Ein Liebestrank wird daraus hergestellt, der die Verbindung einer „Sterblichen“, Semele, mit dem Zeus vorbereitet. Dionysos wird wiedergeboren und lehrt, befruchtet mit neuen Kräften, die Landwirtschaft, die Wissenschaft und den Weinbau.

Dieses Bild zeigt uns die Wiedergeburt des Menschen aus den Herzenskräften und den Zugriff auf ein neues makrokosmisches Wissen, das er im Guten anwenden kann. Die biologisch-dynamische Wirtschaftsweise und das Werk Rudolf Steiners haben bestimmt Teil an dieser Wiedergeburt, nach der es die neue Generation so dürstet.
Es ist dringend nötig, die Grundlagen dieser biologisch-dynamischen Wirtschaftsweise an die Jugend weiterzugeben, damit sie nicht an der Welt verzweifelt.

# Bibliographie


***Im Triade Verlag erschienen:***

- Der Mensch in seinem Bezug zu den Tieren, Geistern und Elementen
- Initiation
- Die 4. Dimension: Mathematik und Realität
- Dyonisos und das Ich-Bewusstsein
- Gesundheit und Kranheit
- Der landwirtschaftliche Kurs
- Die ätherische Welt: G. Adams, E. Marti und J. Smit
- L´Ange et la sphinge: E. Schuré
- Führer der biodynamischen Methode in der Landwirtschaft: H. Kabisch
- Die Pflanze: G. Grohmann
- Der Mensch und die medizinischen Pflanzen: W. Pelikan
- Das sensible Chaos: T. Schwenk
- Zwischen Sonne und Erde, die Pflanze: G. Adam und O. Whicher

***Im Verlag Mouvement d'agriculture biodynamique (biodynamische lanwirtschaftl. Bewegung) erschienen:***

- Hinweise aus der Konstellationsforschung für Bauern, Weinbauern, Gärtner und Kleingärtner: M. Thun (Thun-Verlag)
- Aussaattage: M. Thun (Thun-Verlag)
- Unkrautregulierung, Pilzregulierung und Schädlingsregulierung: M. Thun (Thun-Verlag)
- Erfahrung für den Garten-Ausaattage, Pflanzzeiten, Erntetage: M. Thun / A. Throll-Keller
- Die Pflanzen und biodynamische Präparate: W. König
- Der biologisch-dynamische Hof: F. Sattler und E. von Wistinghausen
- Gartenarbeit mit dem Mond: X. Florin

· Die Erde, ein lebender Organismus: W. Cloos
· Die Entwicklung der Erde: G. Washmut

***Andere Verlage:***

· The Nature of Substance, R. Hauschka, Rudolf Steiner Press
· La légende du temple et l'essence de la franc maçonnerie, R. Steiner, Novalis Verlag
· Les formes dans la nature, P. Smith Stevens, Seuil
· The Vortex of Life, L. Edwards, Floris books
· Le dessin des formes, R. Kutzli, Les trois Arches
· La magie des rayons, H. Dogigli, Le centurion
· Les Sceau des Planètes, M. Le Guerrannic, L'Unit
· Avant le Big Bang, I. et G. Bogdanov, Grasset
· L'Initiation, E. Haich, Au signal, Lausanne
· Les étoiles de Compostelle, H. Vincenot, Denoel
· Le drame sacré d'Eleusis. E. Schuré, Novalis
· L'éveil au point zero, Gregg Braden, Ariane
· Le goetheanum - l'impulsion de R. Steiner en architecture, H. Biesatz et A. Klingborg, EAR Genève, Suisse
· Guide de cent dix sept fontaines sacrées de Bretagne, D. Spoerri et M.L. Plessen, E. Jean Michel Place
· Message de l'eau, Masaru Emoto, Alternature et Elodia
· La Rotonda sul Montesiepi, Paul Pfister, Cantagalli
· Le sécret de la grande pyramide, G. Barbarin, J'ai Lu
· De l'homéopathie a la biodynamie, L. Boehrer, Nature et Progrès
· Agriculture of Tomorrow, Dr. E. et L. Kolisko, Kolisko Archive Publications, Bornemouth (GB)
· Biodynamics Agriculture, Introducy lecture, A. Podolinski, Gavermer Publishing
· Le Sol, la Terre et les Champs, C. Bourgignon, Sang de la Terre
· Les méthodes biologiques appliquées à la vinification et l'opénologie, M. L'Eglise, Le Courrier du Livre
· Guide pratique de l'habitat sans nocivité pour la santé, T. Gauthier, Conscience verte
· Votre maison est elle nocive, T. Gauthier
· Platonische und archimedische Körper, ihre Sternformen und polaren Gebilde, Verlag Freies Geistesleben, Stuttgart.

*Diese Bücher, bringen viele neue Ideen und bieten neue Sichtweisen, doch muss jeder seinen eingenen Weg finden.*

*weitere Verlagstitel:*

**BONNEFOIT FRANKREICH**
Faszination Wein & Aromen
Der Aromen-Atlas der französischen Appellationen
· Über 12.000 verkostete Weine
· Mehr als 9.000 Empfehlungen von Speisen zum Wein
Autor: Guy Bonnefoit . 1.000 Seiten
23 x 16 cm . Hardcover mit Schuber
ISBN 978-3-938173-29-9 . 69,90 €
Verlag Gebrüder Kornmayer

Ausgezeichnet mit dem
***Gourmand World Cookbook Award***
2007/2008, in der Kategorie:
*„Best Book on French Wine"*

**BONNEFOIT DEUTSCHLAND**
Faszination Wein & Aromen
Der Aromen-Atlas der deutschen Weinanbaugebiete
· Über 10.000 verkostete Weine
· Mehr als 8.000 Empfehlungen von Speisen zum Wein
Autor: Guy Bonnefoit . 832 Seiten
23 x 16 cm . Hardcover mit Schuber
ISBN 978-3-938173-27-5 . 49,90 €
Verlag Gebrüder Kornmayer

Ausgezeichnet mit dem
***Gourmand World Cookbook Award***
2006/2007, in der Kategorie:
*„Best Book on European Wine"*

*weitere Verlagstitel:*

**GESUND GENIEßEN MIT WEIN**

Empfehlungen führender Experten zur Steigerung der Lebensqualität durch moderaten Weingenuss

Maßvoller Weingenuss kann für die Gesundheit von Nutzen sein. Die uralte Erfahrung wurde durch viele wissenschaftliche Untersuchungen bestätigt. In der Fachwelt und bei Weinliebhabern sind diese Erkenntnisse sehr populär.

Weniger bekannt ist die Bedeutung des Weingenusses für die unterschiedlichen Lebensbereiche, sein Einfluss auf das Wohlbefinden und die Möglichkeiten zur Vorbeugung, Linderung und Heilung bestimmter Krankheiten beizutragen. Renommierte Sachkenner vermitteln in diesem aktuellen Standardwerk zahlreiche nützliche Informationen über die vielfältige Wirkung des Weines und seiner Nebenprodukte in umfassender und gut verständlicher Form.

Mit Beiträgen von:
Elke Bolland, Guy Bonnefoit, Markus Del Monego,
Doris Goedecker, Dr. med. Franz Anselm Graf von Ingelheim,
Winfried Heinen, Univ.-Professor Dr. med. Klaus Jung,
Dr. med. Michael Keck, Professor Dr. Hans-Jörg Koch,
Dr. med. Gerhard Kreuter, Professor Dr. med. Bernd Krönig,
Martin Kucher, Dr. Fred-Holger Ludwig, Olaf Plotke,
Professor Serge Renaud, Professor Dr. Dr. h. c. Heinrich Wamhoff,
Dr. med. Andreas-Hans Wasylewski, Dr. med. Renate Willkomm
und Heinz-Gert Woschek.

Hrsg.: Forum Wein und Gesundheit e.V.
Softcover . 21 x 14,8 cm . 288 Seiten . 4farbig . 60 Fotos und
46 Grafiken/Tabellen . ISBN 978-3-938173-59-6 . Preis 16,95 €
Verlag Gebrüder Kornmayer